节约型养鳖新技术

赵春光　编著

U0321392

金盾出版社

内 容 提 要

本书根据我国农村不同地区的气候、资源等具体条件总结出节约型高效养鳖模式和配套技术。内容包括:节约型养鳖的特点与基本要求、节约型养鳖的模式与配套技术以及节约型养鳖的疾病防治等,适合于有条件发展节约型养鳖模式的养殖户和有关专业人士阅读参考。

图书在版编目(CIP)数据

节约型养鳖新技术/赵春光编著.—北京:金盾出版社,2007.3

ISBN 978-7-5082-4445-7

Ⅰ.节… Ⅱ.赵… Ⅲ.鳖-淡水养殖 Ⅳ.S966.5

中国版本图书馆 CIP 数据核字(2007)第 004692 号

金盾出版社出版、总发行
北京太平路 5 号(地铁万寿路站往南)
邮政编码:100036 电话:68214039 83219215
传真:68276683 网址:www.jdcbs.cn
封面印刷:北京 2207 工厂
正文印刷:北京四环科技印刷厂
装订:海波装订厂
各地新华书店经销
开本:787×1092 1/32 印张:3.375 字数:73 千字
2009 年 1 月第 1 版第 4 次印刷
印数:22001—30000 册 定价:6.50 元

前 言

    鳖也叫甲鱼、团鱼和水鱼,是我国传统的美食补品。随着我国改革开放后人民生活水平的不断提高和以鳖为原料的深加工产业的发展,鳖的市场需求量已从 20 世纪 90 年代初的不到千吨,增加至 2005 年底的 16 万吨,而养鳖业也成为我国农民致富奔小康的产业之一。然而,随着我国土地资源和与养鳖有关生产资料的短缺和紧张,不但养殖成本大幅增加,而且与我国提倡的节约型产业的发展产生了矛盾。因此,为了节省土地资源和养殖成本,利用现有的各种有效水面以及水体中的自然资源进行多品种立体种、养殖,提高现有水体利用率和经济效益,已成为今后发展高效生态农业致富奔小康的新途径之一。

    本书第一章讲述了节约型养鳖的特点与基本要求,第二章介绍了节约型养鳖的模式与配套技术,第三章介绍了节约型养鳖过程中可能发生的主要病害及其防治方法。

    本书是笔者多年来通过大量的研究、考察和实践,并根据我国农村不同地区的气候、资源等具体条件总结出的一套节约型高效养鳖模式与配套技术,适合于有条件发展节约型养鳖模式的养殖户和有关专业人士阅读参考。

赵春光

2006 年 10 月

目　录

第一章 节约型养鳖的特点
与基本要求

一、节约型养鳖的特点

节约型养鳖就是综合利用各种有效资源的养鳖新方式，与常规单一养鳖相比，节约型养鳖的技术要求相对要低，所消耗的资源也节约很多。其特点包括以下几方面。

(一)节省资源

常规的单一养鳖不但要用环境条件好和水源充足的土地资源挖坑造池，而且要求很高的配套设施。因此，要建一个养鳖场不但要占用大量的土地资源，而且一次性投入很大，使一般的农村养殖户难以承受。而节约型养鳖则是利用各种有效资源进行养鳖来增加收入。如养鱼的可利用现有鱼塘既养鱼又养鳖，种稻的可在现有的稻田里既种稻又养鳖。这样既节省土地资源，也节省了水资源和人力资源等。

(二)简单易行

和单一养鳖(特别是工厂化养鳖)相比，节约型养鳖技术简单易行，容易操作，只要管理认真，都能获得成功。

(三)产品质量好

由于节约型养鳖是在自然环境中稀养，并以利用自然饵料为主，所以养成的商品鳖不但体色好，活力强，质量如同野生，而且在市场上的售价往往要比集约化或单养成的商品鳖高出几倍。如浙江省宁波市的养殖户在池塘中混养的甲鱼不出村每千克就可卖到 300 多元，每 667 平方米可增加效益2000元以上。还有浙江省桐乡市利用虾池混养鳖,不但效益比单养提高几倍,养成的虾和鳖的质量也比单养的要好,深受当地消费者欢迎。

(四)养殖成本低

由于省去建造鳖池的大量资金和每年的设备折旧费,特别是混养塘鳖种的放养密度是根据池塘中天然饵料的多少来决定,因此大多可采用不投饵或少投饵的放养模式。这样,养殖成本可比常规养鳖降低几倍。如江苏、广东和浙江等地的稻田养鳖,每667平方米获得的效益比单种稻高出5倍。

二、节约型养鳖对环境和水质的要求

为了保证鳖的商品质量,节约型养鳖的养殖环境也必须达到国家和农业部发布的有关标准规定。现将有关内容归纳如下。

(一)养殖区域环境要求

养殖区域内以及池塘周边,应没有工业"三废"和农业、城镇生活以及医疗废弃物的污染,最好是在空气清新、环境优美、光照充足、离城镇较远、生态环境良好的乡间。

(二)养殖水质要求

节约型养鳖的水质应符合国家渔业水质标准和农业部发布的行业淡水养殖用水的最新标准(表1-1,表1-2)。

表 1-1　渔业水质标准(GB 11607-89)

序　号	项　目	标准值
1	色、臭、味	不得使鱼虾贝藻类带有异色、异臭、异味
2	漂浮物质	水面不得出现油膜或浮沫
3	悬浮物质	人为增加的量不得超过 10 毫克/升,而悬浮物质沉积于底部后不得对鱼虾贝类产生有害影响
4	pH 值	淡水 6.5~8.5
5	溶解氧	连续 24 小时中,16 小时以上必须大于 5 毫克/升,其余任何时候不得低于 3 毫克/升,对于鲑科鱼类栖息水域除冰封期其余任何时候都不得低于 4 毫克/升
6	生化需氧量 (5 天,20℃)	不超过 5 毫克/升,冰封期不超过 3 毫克/升
7	总大肠杆菌	不超过 5 000 个/升(贝类养殖水质不超过 500 个/升)
8	汞	≤0.000 5 毫克/升
9	镉	≤0.005 毫克/升
10	铅	≤0.05 毫克/升
11	铬	≤0.1 毫克/升
12	铜	≤0.01 毫克/升
13	锌	≤0.1 毫克/升
14	镍	≤0.05 毫克/升
15	砷	≤0.05 毫克/升
16	氰化物	≤0.005 毫克/升
17	硫化物	≤0.2 毫克/升
18	氟化物(以 F 计)	≤1 毫克/升
19	非离子氨	≤0.02 毫克/升
20	凯氏氮	≤0.05 毫克/升

序 号	项 目	标准值
21	挥发性酚	≤0.005 毫克/升
22	黄 磷	≤0.001 毫克/升
23	石油类	≤0.05 毫克/升
24	丙烯腈	≤0.5 毫克/升
25	丙烯醛	≤0.02 毫克/升
26	马拉硫磷	≤0.005 毫克/升
27	乐 果	≤0.1 毫克/升

表 1-2　淡水养殖用水水质要求　（NY 5051-2001）

序 号	项 目	标准值
1	色、臭、味	不得使养殖水体带有异色、异臭、异味
2	总大肠杆菌	≤5000 个/升
3	汞	≤0.0005 毫克/升
4	镉	≤0.005 毫克/升
5	铅	≤0.05 毫克/升
6	铬	≤0.1 毫克/升
7	铜	≤0.01 毫克/升
8	锌	≤0.1 毫克/升
9	砷	≤0.05 毫克/升
10	氟化物	≤1 毫克/升
11	石油类	≤0.05 毫克/升
12	挥发性酚	≤0.005 毫克/升
13	马拉硫磷	≤0.005 毫克/升
14	乐 果	≤0.1 毫克/升

三、节约型养鳖对饲料的要求

为了保证节约型养鳖的产品质量和有利于鳖的健康生长,有必要了解鳖的营养需求和饲料的配制要求,而养殖户也可利用本地资源配制饲料,以降低养殖成本。

(一)鳖的营养需求

目前鳖的饲料配方较多,而且配比和制作技术也较为成熟,缺点是粗蛋白质比例过高,添加物也过多,对鳖的健康养殖不利,应引起注意。下面介绍鳖的营养需求(表1-3),以供参考。

表1-3　不同规格鳖的营养需求(适用于中华鳖)　(%)

规格分类	粗蛋白质	粗脂肪	粗纤维	粗灰分	钙	磷
鳖苗饲料	47	6	1	17	4	1.5
鳖种饲料	46	6	1	17	4	2
成鳖饲料	45	5	1	17	4	2
亲鳖饲料	45	5	1	17	4.5	2

(二)鳖的饲料质量

要使鳖产品达到国家规定的质量要求,养殖过程中使用的饲料也要达到国家和行业的有关规定。

1. 配合饲料的原料要求

第一,不得使用受潮、发霉、生虫、腐败变质以及受到石油、农药、有害金属等物质污染的原料。

第二,大豆原料应经过加热等破坏蛋白酶抑制因子的处理。

第三,鱼粉的质量应符合《中华人民共和国国家标准—鱼粉》(SC/T 3501-1996)的规定。

第四,不得使用非蛋白氮和角质蛋白作为饲料原料。

第五,饲料中所用药用添加剂须符合中华人民共和国农业部《饲料药物添加剂使用规范》中所规定的内容。

第六,应遵守中华人民共和国农业部《禁止在饲料和动物饮用水中使用的药物品种目录》中的有关规定。

2. 配合饲料的安全限量 根据《无公害食品 渔用配合饲料安全限量》(NY 5072-2002)规定要求,配合饲料的安全限量见表1-4。

表1-4 渔用配合饲料的安全限量

项 目	限 量	适用范围
铅(以 Pb 计),毫克/千克	≤5	各类渔用饲料
汞(以 Hg 计),毫克/千克	≤0.5	各类渔用饲料
无机砷(以 As 计),毫克/千克	≤3	各类渔用饲料
镉(以 Cd 计),毫克/千克	≤0.5	渔用配合饲料
氟(以 F 计),毫克/千克	≤350	各类渔用饲料
游离棉酚,毫克/千克	≤300	杂食性鱼类
氰化物,毫克/千克	≤50	各类渔用饲料
多氯联苯,毫克/千克	≤0.3	各类渔用饲料
异硫氰酸酯,毫克/千克	≤500	各类渔用饲料
噁唑烷硫酮,毫克/千克	≤500	各类渔用饲料
黄曲霉毒素 B_1,毫克/千克	≤0.01	各类渔用饲料
沙门氏菌,个/25克	不得检出	各类渔用饲料
真菌(不含酵母菌),个/克	≤3×10⁴	各类渔用饲料
铬(以 Cr 计),毫克/千克	≤10	各类渔用饲料
油脂酸价(KOH),毫克/克	≤2	渔用育苗饲料
	≤6	渔用育成饲料

注:此表只限于淡水鱼配合饲料(含鳖)

(三)鳖饲料的种类

1. 机制配合饲料 是以高蛋白质的鱼粉为主,与其他饲料原料配合而成。其优点是蛋白质含量较稳定,制作工艺较精细,产品易贮存运输,营养基本能满足鳖的生长需要。缺点是许多添加物不明确,维生素性质不稳定,有的盐度略高,单独使用不能完全满足鳖特殊生长阶段的营养需要。如 7～8 月份是池塘养鳖的快速生长期,投喂机制配合饲料往往易出现因某种营养不足而引起的裙边上卷、腹甲内陷、背甲弯曲、性早熟以及互相厮咬等不正常现象。因此,机制配合饲料可作为人工配制饲料时的基础饲料,配合比例为 60%～90%。在养殖过程中,机制配合饲料的配合比例会随着商品鳖规格的增长而减小。

2. 鲜活动物性饲料 各种无毒无害的海鲜、动物内脏、淡水鱼、肉类、新鲜的奶和蛋以及无公害培育的黄粉虫、蚯蚓、蝇蛆、蚌类、大型水蚤等均可作为鳖的饲料。

鲜活动物性饲料的优点是营养丰富,适口性好,易消化吸收,在以机制配合饲料为主的人工配合饲料中添加一定的比例,有促进鳖的生长和提高产品质量的作用。鲜活动物性饲料的缺点是不易保存,易变质,故在应用时须做到现采现用。鲜活动物性饲料的添加比例为 10%～40%。现把几种常用鲜活动物性饲料的营养成分介绍如下(表 1-5,表 1-6,表 1-7)。

表 1-5　常用鲜活动物性饲料的营养成分 　(100 克内含量)

饲料名称	水分(克)	粗蛋白质(克)	粗脂肪(克)	碳水化合物(克)	粗灰分(克)	钙(毫克)	磷(毫克)	产　地
牛　肝	67.1	22	5.1	3.5	1.7	9	344	北　京
牛　肉	70.1	20.5	9.9	—	1.3	3		河　北
猪　肝	70.8	12.2	1.3	14.2	1.5	12	365	北　京
猪肉(瘦)	74	18.1	2.4	3.5	1.9	—		福　建
猪　血	61.9	18.2	14.9	3.8	1.2	44	108	北　京

续表 1-5

饲料名称	水分（克）	粗蛋白质（克）	粗脂肪（克）	碳水化合物（克）	粗灰分（克）	钙（毫克）	磷（毫克）	产　地
鸡　肝	74	16.7	4.5	3.5	1.3	4	216	安　徽
鸡　肉	64.5	21.7	14	—	0.8	15	144	浙　江
鸭　肝	71.9	15	2.5	9.2	1.4	4	159	安　徽
鸭　肉	56.9	16.3	26	—	0.8	13	124	浙　江
草　鱼	79.1	16.9	3	—	1	38	167	江　西
带　鱼	73.6	18.9	6.4	0.1	1	56	191	浙　江
鲫　鱼	78	17.4	1.3	2.5	0.8	64	197	北　京
鲤　鱼	77.7	19.4	1.3	0.3	1.3	37	23	河　北
鲢　鱼	57.1	20.9	4.9	—	0.9	46	199	上　海
泥　鳅	74.2	21	1.2	1.7	1.9	168	327	安　徽
鳙　鱼	74.5	21.4	3.2	—	1.2	113	215	湖　北
河　虾	82.5	13.2	1.6	—	4.7	356	—	安　徽
草　虾	74	21.2	1.2	—	3.6	403	233	安　徽
河　蚌	89.8	6.8	0.6	0.8	2	39	127	上　海
田　螺	82	11	0.2	3.6	3.2	—	93	上　海
螺　蛳	80.1	11.4	0.7	4.1	3.7	—	98	上　海

表 1-6　水蚤类饲料的营养成分 （%）

饲料名称	粗蛋白质	粗脂肪	碳水化合物	粗纤维	粗灰分
鳔水蚤	64.78	8.61	12.6	8.58	5.9
剑水蚤	59.81	19.81	4.58	10.07	5.74
薄皮蚤	56.5	5.88	12.51	8.8	11.31
美女蚤	36.38	25.19	25.19	14.6	19.4

表1-7 奶类和蛋类饲料的营养成分表 （100克内含量）

饲料名称	水分（克）	粗蛋白质（克）	粗脂肪（克）	碳水化合物（克）	粗灰分（克）	钙（毫克）	磷（毫克）	产地
牛　奶	88.5	3.1	3.2	4.6	0.6	113	86	内蒙古
牛　奶	87.2	2.9	3.8	5.8	0.3	159	68	安　徽
牛　奶	89.7	2.9	3	3.8	0.6	85	73	上　海
牛奶粉	2.4	18	27.6	47.6	4.4	228	535	黑龙江
全脂奶粉	1.8	23.1	23.5	46.7	4.9	002	591	浙　江
全脂奶粉（加糖）	1.6	21.1	23.2	48.5	5.6	501	610	福　建
豆奶粉	2.7	19	8	68.7	1.6	149	257	江　西
鹌鹑蛋	73.9	14.3	10.6	0.1	11	67	241	北　京
鹌鹑蛋	66.5	12.2	11	9	1.3	29	229	安　徽
鹌鹑蛋	73	11.8	12.4	1.9	0.9	42	119	福　建
鹅　蛋	67.8	11.2	17.5	0.9	1.4	22	61	河　北
鹅　蛋	68.7	9.5	14.9	5.6	1.3	22	109	山　东
鸡　蛋	74.2	12.6	11	1	1.2	39	111	北　京
鸡　蛋	73	13.5	13.1	—	1.1	48	227	湖　北
鸡　蛋	76.5	13.6	8	1.1	0.8	33	89	江　苏
鸡　蛋	72.8	12.7	9.4	4.1	1	60	219	广　东
鸡蛋黄	50.6	15.3	26.4	5.7	2	1	780	河　北
鸡蛋黄	55.5	14.4	26.4	2	1.7	90	259	江　西
鸭　蛋	70.1	13	13.3	2.3	1.3	77	249	北　京
鸭　蛋	69.4	11.6	11.1	6.8	1.1	43	208	湖　北
鸭　蛋	72.2	13.4	14.9	—	1	86	263	浙　江

3. 鲜嫩植物性饲料 凡无害无毒的瓜果蔬菜均可作为鳖的补充添加饲料,它不但可起到补充营养的作用,还有预防疾病的作用。现把经常使用的瓜果蔬菜类饲料介绍如下。

(1)菠菜 别名波斯菜,为藜科植物。鲜菠菜全株富含胡萝卜素、维生素 C、叶酸、草酸、蛋白质、微量元素等物质。菠菜中的粗纤维可促进动物消化道运动,起到帮助消化吸收的作用。最近的医学研究还发现菠菜中含有辅酶 Q10 和维生素 E,故具有提高机体免疫力和增强抗病力的作用。

菠菜味甘,性凉,具有养血、止血、通利肠胃、健脾和中的功效。菠菜作为鲜活饲料添加,能提高鳖的抗病能力,起到促进消化吸收、增进食欲、加快生长的作用。特别是在亲鳖产前添加,可提高亲鳖的受精率。通常添加量按当日干饲料量的 8%添加,使用时将鲜品打成菜汁拌入饲料中,每月使用 10天。

(2)白菜 为十字花科植物,其中含有多种维生素和矿物质,此外还含有蛋白质等营养物质。研究表明,白菜汁有较好的解毒作用。

白菜味甘,性平,具有补中、消食、利尿、通便、清肺、解毒等功效。由于含有丰富的维生素,在防治鳖赤、白板病和龟烂肠病时作为辅助防治的添加物,可起到很好的增效作用,通常按当日干饲料量的 10%添加,用时将鲜品榨汁添拌在饲料中投喂即可。平时作为营养剂,可按当日干饲料量的 5%榨汁添加。

(3)卷心菜 为十字花科植物,内含葡萄糖、芸薹素、酚类和多种维生素,特别是含有丰富的维生素 U,这种维生素对动物消化道有很好的保护作用。

卷心菜味甘,性平,具有益脾和胃、补骨髓的功效。在鳖的疾病防治中，既可防治消化道疾病，又可作为营养添加剂以促进鳖的生长。通常按当日干饲料量的 5%～10% 添加，使用时将鲜品打成菜浆拌入饲料中投喂即可。

（4）空心菜 为旋花科植物，内含大量的维生素，如烟酸、胡萝卜素、维生素 C 和 B 族维生素，特别是嫩梢中的含量最多。还含有蛋白质、糖类、无机盐等营养物质。

空心菜味甘，性寒，具有凉血止血、润肠通便、消肿去瘤、清热解毒的作用。由于其含有丰富的维生素，所以辅助防治鳖赤、白板病和龟烂肠病有明显提高疗效的作用。此外，平时也可作为营养剂长期添加。作为辅助治疗剂，可按当日干饲料量 15% 的比例榨汁拌入饲料投喂，连续使用 10 天。平时作为营养剂，可按当日干饲料量 5% 的比例榨汁添加。

（5）大蒜 为百合科植物，内含大量蒜氨酸，其溶于水并对热稳定。大蒜在粉碎时，在蒜酶作用下生成的蒜辣素，为二烯丙基二硫单氧化物，是有效的抗菌成分，但其性质极不稳定。另外，在大蒜中还有一种成分为二烯丙基化三硫醚，又称大蒜新素，目前已可人工合成，合成产品名为大蒜素。大蒜素对热和光都较稳定，也是较好的抗菌成分。此外，大蒜中还含有甲基烯丙基三硫化物和一些酶与肽等的化合物。

大蒜味辛、性温，其具有行滞气、暖脾胃、消积、解毒、杀虫等功效。

大蒜在鳖的疾病防治中有以下几方面作用：一是具有抗病原菌的作用。大蒜无论在体内还是体外都对细菌和真菌有较强的杀灭作用，这对预防鳖的腐皮病和肠炎具有十分重要的意义。然而大蒜在鳖消化道内抑杀的细菌可能包括一些有益菌种，故建议不要连续长期投喂。二是具有降脂保肝，防治鳖脂肪性肝炎的作用。在人工养殖体系中，非寄生性肝病已成为严重影响鳖健康养殖的病害之一,通过内服大蒜可预防和治疗鳖脂肪性肝炎,从而达到提高养殖成活率的目的。但由于其对鳖苗消化道有损伤等不良反应,故对50克以下规格的鳖苗应慎用。此外,虽然目前还未见有大蒜中有效成分对鳖雄亲种精子活力的影响,但建议慎用为好。

应用方法:鳖种阶段(即体重在51～250克的培育阶段),每月投喂10～15天,用量为当日干饲料量的0.2%～0.5%。养成阶段(即体重在250克以上),每月投喂10～20天,用量为当日干饲料量的0.5%～0.8%。值得注意的是,用前一定要充分预混,添加时要搅拌均匀,制作时鲜品应避免高温和强光,以免影响药效。

(6)番茄 为茄科植物,含有多种维生素,其中的维生素C因番茄带酸性而不会被热所破坏。另外,番茄中的烟酸有保护动物皮肤健康、维护消化道消化液的正常分泌和促进红细胞形成的作用。番茄中还有一种抗癌物质——谷胱甘肽,当动物体内谷胱甘肽的含量上升时,就不易产生肿瘤疾病。此外,番茄中的柠檬酸、苹果酸和糖类,也有帮助消化吸收,促进生长的作用,而番茄素有较强的抑菌作用。

番茄味甘、酸,性凉,具有清热生津、凉血消肿的功效。在鳖的疾病防治中,饲喂番茄可预防多种维生素缺乏症,如烂眼病、白眼病、烂脚病等,也可起到抗菌消炎的作用。所以,在平时的日粮中,经常添加番茄,既可起到补充营养、促进生长的作用,又可起到预防疾病的作用。特别是在发生暴发性疾病(如赤、白板病)时,番茄作为辅助治疗的添加物,有很好的协同作用。使用时用鲜品按干饲料量5%～10%的比例,打浆拌入饲料中投喂。如能长期添加,效果更好。

(7)辣椒 为茄科植物,含有丰富的蛋白质和维生素,其中以胡萝卜素和维生素C含量最多。还含有辣椒碱、辣椒素、龙葵苷等有效成分。其中辣椒素能刺激心脏跳动，加快血液循环，从而起到增进食欲，促进生长的作用。

辣椒味辛，性温，具有散瘀止痛、解毒消肿的功效。辣椒内服可促进鳖的消化吸收，使用干品按干饲料量0.2％～0.3％的比例，煎汁拌入饲料中，每月投喂7天。另外，辣椒外用有杀虫抑菌的作用，可防治鳖的腐皮病，用时与其他中药配合效果更好。使用时每立方米水体用干品5克煎汁泼洒，连用2天。

（8）萝卜　为十字花科植物，含有丰富的蛋白质和糖类，还有能分解食物的糖化酶和淀粉酶，它们能分解食物中的淀粉与脂肪。萝卜块根的纯提取物有较好的抗菌作用。最近的研究还表明，萝卜还有较好的抗癌作用。

萝卜既可作为帮助消化吸收、促进生长的营养物质，同时也有较好的防病作用，如可预防鳖的脂肪性肝炎等。萝卜最好鲜用，用量按当日干饲料量6％～10％的比例，打成浆拌入饲料中，每月投喂10天。

（9）胡萝卜　俗名黄萝卜、红萝卜、丁香萝卜、土人参，为伞形科植物。胡萝卜中含有糖类、蛋白质和多种维生素，其中胡萝卜素含量最多。与其他果蔬相比，胡萝卜中的胡萝卜素含量相当于苹果的35倍、芹菜的36倍、柑橘的23倍、番茄的100倍。胡萝卜素在动物体内可转化为维生素A，所以胡萝卜素也被称为维生素A原。维生素A能保护动物上皮细胞结构和功能的完整性。另外，胡萝卜素还有抗氧化作用，所以它是一种很好的防病抗癌物质。

在鳖的疾病防控中，胡萝卜有防治鳖烂眼病和腐皮病的作用。通过对比试验证明，长期在饲料中添加一定比例胡萝卜的鳖,养殖死亡率可减少5%以上。因此,胡萝卜是一种既安全卫生又经济有效的防病添加物。

目前,市场上许多消费者很喜欢购买像野生鳖一样腿部脂肪是奶黄色或金黄色的鳖,其售价要比一般鳖高出许多。野生鳖脂肪的黄色是鳖在野生环境中长期摄食野生植物性饲料后胡萝卜素积累的结果,通常是年头越长、个体越大的野生鳖腿脂越黄,营养价值也越高。而现在,我们可以通过在常规鳖饲料中添加一定比例的胡萝卜,使鳖在整个生长期中有规律地获取天然胡萝卜素,并经过积累使鳖脂成为自然的黄色。这样,不但可以预防鳖的疾病,还可改善鳖的质量,提高经济效益,而且成本低,取材也方便。

胡萝卜的添加方法,可按鳖不同生长时期的当日饲喂量按比例添加。根据笔者的经验,苗种培育阶段(个体重5～50克),可按当日干饲料量的10%添加;养成阶段(个体重250克以上),可按当日干饲料量的5%添加。值得指出的是,胡萝卜在应用时须煮熟后再打成浆拌入饲料中,因为胡萝卜中的胡萝卜素加热后的吸收利用率可高达93%以上,而生食的吸收利用率只有10%。

(10)生姜　为姜科植物,含有丰富的姜辣素、天门冬素、淀粉和各种氨基酸。同辣椒一样,生姜中的姜辣素能加快动物体的血液循环,增强机体新陈代谢,从而起到促进生长的作用。生姜汁还有抑制真菌的作用。

生姜在治疗鳖体表感染时与其他药合用,可起到通透表皮的协同作用,使用时每立方米水体用5～8克干品,煎汁泼洒。注意不可作为预防措施长期使用。生姜内服有增进食欲、防病促长的作用,可按干饲料量0.5%的比例煎汁添加,一般每月使用7天。

（11）西瓜　为葫芦科植物，富含糖、蛋白质、氨基酸、苹果酸、番茄素、维生素 C 等物质。西瓜中的糖有很好的解毒作用，而苹果酸有很好的适口性。

西瓜有利尿解毒的功效，可用来预防鳖的水肿病和水中毒症。治疗用量，用鲜品以干饲料量 8%～10% 的比例，榨汁拌入饲料中投喂。预防用量则按 5% 的比例添加。

（12）苹果　为蔷薇科植物，富含苹果酸、蛋白质、糖类、奎宁酸、酒石酸、鞣酸和各种维生素。研究表明，苹果有补脑补血、安眠、解毒的作用。

苹果味甘、微酸，性凉，具有生津止渴、益脾止泻的功效。平时添加可预防维生素缺乏症，在治疗时添加可起到提高治疗效果的作用。预防用量，以当日干饲料量 7% 的比例，榨汁添加。治疗用量，以当日干饲料量 10%～12% 的比例添加。

（13）橘子　为芸香科植物，含丰富的维生素 C、维生素 A、蛋白质、糖类，此外还含有丰富的柠檬酸，橘皮中还含有橙苷、柠檬酸、柠檬萜的有效成分。橘中的维生素 C 有很好的抗氧化作用，并具有协同治疗各种感染的作用。

橘味甘、酸，性温，具有疏肝理气、消肿解毒的功效。橘皮晒干后即为陈皮，在鳖病防治中，可起到帮助消化、增进食欲的作用，每月添加 10 天，可促进生长。使用时以当日干饲料量 1% 的比例煎汁，拌入饲料中投喂。鲜橘榨汁添加，可起到提高免疫力、增强抗病力的作用，添加时以干饲料量 5%～7% 的比例添加。但应注意的是，橘子中的有机酸能刺激消化道黏膜，故对 50 克以下的鳖苗应少用或不用。

（14）梨　为蔷薇科植物，含丰富的有机酸、葡萄糖、蛋白质和各种维生素，这些物质有营养和解毒的作用。

梨味甘、微酸，性凉，具有生津止渴和解毒的功效。当鳖氨中毒时,可与葡萄合用榨汁,按干饲料量 10%～15%的比例拌料投喂,有较好的解毒与恢复体质的效果。平时添加可补充 B 族维生素,从而起到防病作用,使用时用鲜品按干饲料量 5%的比例榨汁添加。

(15)大枣 为鼠李科植物,含丰富的 B 族维生素、维生素 C、烟酸,以及糖类、有机酸和微量元素。有保护动物肝脏、增强体能以及补血的作用。

大枣味甘,性平,具有利血养神、解毒和胃的功效。在鳖苗种阶段添加,可增进鳖苗种食欲,促进生长,提高机体免疫力。使用时用干品按干饲料量 3%的比例煎汁,每月添加 10天。

(16)猕猴桃 为猕猴桃科植物,富含各种维生素,其中维生素 C 是苹果的 20 倍,此外还含有糖类、蛋白质和微量元素。

猕猴桃味甘、酸,性寒,具有生津和胃的功效。在鳖病防治中,平时适当添加可预防温室鳖的肝病。在治疗感染性疾病时,可作为补充维生素 C 的辅助性良药,大大增强治疗效果。预防用量,用鲜品按干饲料量 5%的比例榨汁添加。治疗用量,按干饲料量 8%的比例榨汁添加,连用 7 天。

(17)山楂 为蔷薇科植物,含有糖类、蛋白质、多种维生素、酚类、黄酮类、苹果酸等有效成分。山楂所含的黄酮类化合物是一种良好的抗癌物质。而焦山楂的炭化部分可在消化道内吸附腐败物和细菌产生的毒素,故又可起到收敛作用。

山楂味酸、甘,性温,具有开胃消食、收敛杀菌的功效。适量添加可增进食欲,预防鳖病,促进鳖的生长。在治疗感染性疾病时适当添加还有增强治疗效果的作用。预防用量,按干饲料量 1%的比例煎汁拌入饲料中,每月连用 10 天。治疗用量,按干饲料量3%的比例煎汁拌入饲料中,连用7天。

(18)菠萝　为凤梨科植物,含有糖类、多种维生素和有机酸,其果汁中还含有菠萝原酶,这种物质能在消化道内分解蛋白质,有帮助消化吸收蛋白质食物的作用。此外,菠萝还有消除水肿和抗炎的作用,故在治疗感染性疾病时与抗生素合用,可提高后者的治疗效果。

菠萝既可作为营养物质添加,也可辅助治疗疾病,特别是可预防鳖的消化道疾病和肝病。预防用量,用鲜品按当日干饲料量5%的比例榨汁添加。治疗用量,按当日干饲料量8%的比例添加。

(19)草莓　为蔷薇科植物,富含糖类、维生素、氨基酸、柠檬酸、苹果酸和微量元素。草莓是一种低热能高营养的滋补佳品,故有果中皇后之称。

草莓具有生津健脾的功效,在鳖病防治中,对于辅助防治暴发性疾病(如鳖的赤、白板病和腐皮病),具有很好的效果。使用时用鲜品按当日干饲料量5%～8%的比例榨汁拌入饲料中投喂,有条件的地方可用鲜果按干饲料量5%的比例榨汁长期应用。

(20)葡萄　为葡萄科植物,富含葡萄糖和多种维生素,特别是维生素C和烟酸含量丰富,有很好的营养和解毒作用。

葡萄味甘、微酸,性平,具有补肝补肾、利尿解毒的功效。可预防鳖的水中毒和非寄生性肝病,平时适量添加可提高鳖的抗病力。预防用量,用鲜品按当日干饲料量5%的比例榨汁添加。协同治疗时用量,用鲜品按当日干饲料量10%的比例榨汁拌入饲料中,连用7天。

(四)鳖的饲料配方

为了降低养殖成本,有条件采购优质原料的养殖户,可参考上述各种饲料原料的特性和营养成分,自己配合制作饲料。为此,介绍几个鳖的饲料配方,供参考应用。

1. 机制饲料配方

(1)鳖苗配方(鳖的规格在 3～50 克) 白鱼粉 70％,啤酒酵母 5％,α-淀粉 18％,牛肝粉 2％,香味黏合剂 2％,肉骨粉 2％,复合微量元素预混剂 0.5％,复合维生素预混剂 0.5％。

(2)鳖种配方(鳖的规格在 51～250 克) 白鱼粉 68％,啤酒酵母 5％,α-淀粉 18％,香味黏合剂 2％,膨化大豆粉 4％,复合维生素预混剂 0.5％,肉骨粉 2％,复合微量元素预混剂 0.5％。

(3)成鳖配方(鳖的规格在 251～500 克及以上) 白鱼粉 65％,蚕蛹粉 2％,啤酒酵母 5％,香味黏合剂 2％,α-淀粉 18％,膨化大豆粉 2％,肉骨粉 4％,复合微量元素预混剂 1％,复合维生素预混剂 1％。

2. 投喂饲料配方 即在机制饲料的基础上为弥补机制饲料的不足,投喂时再与其他饲料相结合的配方。

(1)亲鳖投喂饲料配方

①初购野生鳖的投喂饲料配方 机制成鳖饲料 50％(粗蛋白质含量为 45％),鲜活动物性饲料 40％(其中鸡蛋为 5％),葡萄糖粉 1％,维生素 E-硒粉 0.2％,骨粉 1％,鲜嫩植物性饲料 7％,防病中药粉 0.8％(甘草 30％、田三七 10％、马齿苋 20％、黄芩 20％、陈皮 10％、板蓝根 10％,各药混合研为细粉后使用)。

②亲鳖产前投喂饲料配方 机制成鳖饲料 65％(粗蛋白质含量为 45％),鲜活动物性饲料 25％(其中猪肝 10％),鲜嫩植物性饲料 8％,防病中药粉 1％,骨粉 1％。

③亲鳖产后投喂饲料配方　机制成鳖饲料 62%，全脂奶粉 5%，鲜活动物性饲料 20%，骨粉 1%，玉米油 1%，鲜嫩植物性饲料 10%，防病中药粉 1%。

上述配方中的防病中药粉每月添加 10 天，不添加时可用机制成鳖饲料补足。

（2）苗种投喂饲料配方

①鳖苗投喂饲料配方（规格在 3～50 克）　机制鳖苗饲料 70%（粗蛋白质含量为 47%），鲜活动物性饲料 20%（其中鸭蛋 5%），鲜嫩植物性饲料 8%，鱼油 1%，全脂奶粉 1%。

②鳖种投喂饲料配方（规格在 50～200 克）　机制鳖种饲料 66%，鲜活动物性饲料 20%（其中鸭蛋 5%），鲜嫩植物性饲料 10%（其中苹果 2%），鱼油 2%，骨粉 1%，防病中药粉 1%。

（3）成鳖投喂饲料配方　机制成鳖饲料 75%，鲜活动物性饲料 13%，鲜嫩植物性饲料 8%，骨粉 1%，鱼油 2%，防病中药粉 1%。

四、节约型养鳖对苗种的要求

（一）我国鳖类养殖的常见品种

1. 中华鳖　是我国境内分布最广的一个品种。体扁平、背部略高，呈圆形或椭圆形，体色在野生环境中呈橄榄绿色或土黄色，人工养殖的有灰黑色等。由于我国地域辽阔，南北纬度相差大，生态条件不同，所以中华鳖在不同地区间的基本形态也有差异，有的经过人工选育还可形成独立的新品系。

（1）江南花鳖（太湖鳖）　主要分布于太湖流域的浙江、江苏、安徽、上海等地，其名称由笔者在 1995 年命名。江南花鳖除具有中华鳖的基本特征外，主要是背上有 10 个以上的花点,腹部有块状花斑,形似戏曲脸谱。江南花鳖是一个有待选育的地域品系,它在江苏、浙江、上海等地深受消费者喜爱,售价也较高。

(2)湖南鳖(湘鳖)　主要分布于湖南、湖北等省和四川省部分地区,其体形与江南花鳖基本相同,主要区别是腹部无花斑,且在鳖苗阶段其体色呈橘黄色。湖南鳖也是我国经济价值较高的地域品系。

(3)江西鳖(鄱阳湖鳖)　主要分布于江西省的鄱阳湖流域和福建省部分地区,除具有中华鳖的基本形态外,主要区别是腹部无花斑,幼苗时腹部呈橘红色,它也是我国较好的一个中华鳖地方品系。

(4)黄河鳖　主要分布于黄河流域的河南省和山东省境内,其中以黄河口的鳖为最佳。由于特殊的环境和气候条件,使黄河鳖具有体大裙宽、体色微黄的特征。据蔡完琪的研究表明,黄河口的鳖在野外养殖比其他地域的中华鳖生长快,但在同等环境条件下,其养殖成活率低于其他地域的中华鳖。

(5)黄沙鳖　是我国广西壮族自治区的一个地方品系,体长圆,腹部无花斑,体色较黄。其食性杂、生长快,但因长大后体背可见背甲肋条,故在有些地区会影响其销售。

除上述中华鳖品系以外,近年来有关人员还在湖南省发现了一种个体较小的沙鳖,全国各地还发现了有 9 根肋骨的九肋鳖,以及全身呈金黄色的黄金鳖和全身呈白色的白玉鳖,但由于数量较少,故不再详细介绍。

2. 山瑞鳖　主要分布于我国华南和西南的山区高原上,山瑞鳖个体较大,体背较高,与中华鳖明显的区别是其颈基部有颗粒较粗的瘰疣。由于山瑞鳖繁殖量较少,所以目前还没有进行人工规模养殖,而且野生山瑞鳖已成为我国三类保护动物,应禁止捕杀。

3. 日本鳖 为中华鳖的日本品系,由日本早期引进我国太湖流域的中华鳖经过长期选育后育成的一个新品系,20世纪90年代我国首次引进后驯养成功。日本鳖具有生长快、肉质好、体大裙宽等优点,但因其对环境要求相对较高,所以在移养和引种时,应注意环境的调节和适应。

4. 东南亚鳖 是指近年来从华南沿海各省入境的东南亚地区的人工养殖鳖,其主要来自于泰国,故又称泰国鳖。其体形长圆,肥厚而隆起。背部呈暗灰色、光滑,腹部呈乳白色、微红。颈部光滑无瘰疣,背腹甲最前端的腹甲板有铰链,向上时背腹甲完全合拢,后肢内侧有2块半月形活动软骨,裙边较小。行动迟缓,不咬人,其中体重在500克以上的成鳖背中间有条凹沟。其外部体色近似中华鳖,只是其腹部花色呈点状,而不是块状。这种鳖喜高温、生长快,且早熟(一般体重达400克时即开始产卵),但肉质较差,所以它最适合在温室内控温直接养成成鳖上市,不适合在温差较大的野外养成成鳖。

(二)鳖苗种的质量要求

鳖的苗种质量要求品种纯、规格整齐、体形完整、无病无伤、充满活力。

五、鳖的生活习性与生长特点

通常,我们将出壳后24小时以内,卵黄囊未消失,羊膜未脱落,依靠卵黄囊提供营养,个体重在3~5克的称为稚鳖。

将出壳暂养24小时以后,卵黄囊消失,羊膜完全脱落,开始摄食,依靠摄取饲料提供营养,并经过人工培育一段时间后,个体重在5~50克的称为鳖苗。

鳖苗经过几个月的人工培育,个体体重达到50~250克的即为鳖种。

鳖种经过人工养殖后，个体体重达到 400 克以上，可作为商品鳖上市的即为成鳖。

而经过精心选择和培育，个体体重达到 1 000 克以上，野生鳖达到 5 周龄以上，人工培育鳖达到 4 周龄以上，达到性成熟，可用来繁殖的鳖称为亲鳖。

(一)鳖的生活习性

鳖作为水陆两栖的爬行类变温动物，有其特有的生活习性，鳖的健康养殖要想获得优质高效，就必须掌握鳖的基本生活习性，并按其生活习性进行科学管理。鳖的基本生活习性如下。

1. 喜温，怕寒、怕热 鳖是变温动物，其生理活动与环境温度关系十分密切。一般情况下，当水温低于 15℃时基本停食，低于 10℃时停止活动进入冬眠状态；水温高于 36℃时活动和摄食受到影响，高于 40℃时就停止摄食并减少活动，潜入水底或阴凉处进入避暑状态。鳖的最适生长温度为28℃～31℃，基本生存温度为 10℃～40℃，最适繁殖温度为 26℃～29℃。

2. 喜静怕惊 鳖生性胆小，喜欢生活在安静的环境中，对有规律的、声音较轻柔的环境适应很快，如在优美动听的音乐声中，鳖会很快适应而不躲避，或在大自然夜晚的虫鸣鸟叫声中，它也会露出水面，栖于水边或草丛中。相反，对于刺激性较强、无节律的噪声却十分敏感，特别是声调强弱不一的汽车马达声、喇叭声和机械刺耳的撞击声都会影响鳖的正常栖息和觅食。另外，鳖对移动的影子也较敏感，如在晴天，鸥鸟飞过鳖栖息的上空时，阳光反射的影子会使鳖出现应激反应，从而影响鳖的栖息和觅食。

3. 喜净怕污　鳖是一种抗逆性和适应性较强的动物,喜欢在水质肥沃、水体相对清爽的环境中生活,在污染严重的环境中虽然有时也能勉强生存,但却严重影响其生长发育。现将水体中主要影响鳖健康生长的因素介绍如下。

(1)溶解氧　就是溶解于水中的单质氧,它是鳖在特定环境中(如冬眠、伏夏时)用来维持生命的重要物质,所以无论是温室和室外池塘养殖,池中必须保持每升水中有 3 毫克以上的溶解氧,否则就会影响鳖的生存与生长。

(2)氨　是养殖水体中的一种有害物质,主要是由鳖的排泄物、剩饵和池中各种生物尸体在异养微生物的氨化作用下而产生。因此,养殖水体中氨的浓度要达到安全标准,即每升水中低于 1 毫克。

(3)透明度　是光照在水中的深度,用厘米表示。它是反映水体生物和各种污物对水体清洁度的影响程度。通常当水中有机物和污物浓度高时,透明度就低。在鳖的养殖水体中,要求水质不要太清,以免鳖互相挤抓集堆,造成体表损伤;但有机物和污物太多,使水体腐败发黑,对鳖的养殖也不利。因为,污物在分解过程中需大量耗氧,易造成水体缺氧,产生大量有害物质,如氨、二氧化碳、甲烷、硫化氢等。因此,水体透明度在室外池塘以不低于 30 厘米为好。

(4)pH 值　即水体的酸碱度。鳖喜欢生活在微碱性的水体中,所以水体 pH 值应保持在 7～8.5 为好。

(5)刺激性异味　鳖对气味的变化特别敏感,这是因为鳖的感觉器官——嗅囊特别发达,所以当异味的刺激超过鳖感觉器官的耐受值时,就会发生中枢神经麻痹导致鳖迅速死亡。

4. 喜淡怕咸　鳖是一种生存于淡水环境中的动物,所以它对环境中的盐度特别敏感。有关研究表明,当水体中含盐量超过 0.5％时就会对鳖的生长有影响,所以要求养殖水体中的含盐量以不超过 0.3％为好。而一些含盐碱较高的地区或盐度较高的水域,必须经过处理方可进行鳖的生态养殖。

5. 喜阳,怕阴、怕风　鳖喜欢生活在阳光充足、通气较好的环境中,而且鳖最大的生活特性就是喜欢在阳光下晒背,因为晒背能调节体内的循环,又能增进表皮组织的生长。此外,经阳光照射后还能杀死表皮上的一些病原微生物,起到防病作用。试验证明,在封闭无光的温室和采光温室中饲养当地中华鳖,无光条件下的发病率比有光条件下的发病率高出15％左右。因此,鳖的养殖要求每日光照时间不低于 8 小时,如无阳光应用灯光补足。此外,鳖较怕风,特别是寒风,因此要选择向阳背风的环境进行养殖。

6. 贪吃、食性杂　在最适温度范围内,鳖不但活动增加,而且摄食量也大。鳖的食性很广,是一种杂食性动物,只要是无毒、无害的,大多数人、畜和鱼类能食用的食品原料,都可用来给鳖制作配合饲料。

鳖的嗅觉和视觉非常灵敏,而味觉不灵敏,所以在养殖过程中应根据鳖的这一习性来创造其适合的生态环境。

(二)鳖的生长特点

鳖的生长与养殖环境、食物营养和品种质量有密切关系,在不同生长阶段其生长速度也不同。鳖的生长速度,可根据鳖的生物学特性划分为下列几种。

一是绝对生长量(增重量),即在一定的养殖时间内鳖的增重数量。计算公式为:

$$W_s = W_t - W_o$$

式中:W_s——绝对生长量(克);W_t——起捕时的体重(克);W_o——放养时体重(克)。

二是生长倍数(相对生长量),即在一定时间内,生长重量与放养时体重的倍数。计算公式为:

生长倍数 $=(W_t-W_o)/W_o$

式中:W_t——起捕时的体重(克);W_o——放养时的体重(克)。

三是日增重,即在一定的时间内,平均每天的生长重量。计算公式为:

日增重 $=W_s/D$

式中:W_s——绝对生长量(克);D——天数。

现以鳖苗、鳖种、成鳖 3 个养殖阶段的生长量为例,来计算鳖的绝对生长量、相对生长量和日增重。

某鳖场放养鳖苗的个体重为 3 克,饲养 30 天后长至 15 克;放养鳖种个体重为 100 克,饲养 30 天后长至 150 克;放养成鳖个体重为 200 克,饲养 30 天后长至 300 克。

则:鳖苗阶段的绝对生长量为 12 克,生长倍数为 4 倍,日增重 0.4 克;鳖种阶段的绝对生长量为 50 克,生长倍数为 0.5 倍,日增重 1.66 克;成鳖阶段的绝对生长量为 100 克,生长倍数为 0.5 倍,日增重 3.33 克。

由此可见,鳖苗阶段生长倍数最高,但绝对生长量和日增重是成鳖阶段最高。

1. 环境与生长的关系 我国地域辽阔,各地气候差别较大,所以鳖的生长周期也有区别。如北方地区(三北地区)鳖的性成熟需要 5 年,而在海南省只需要 2 年。在同样的环境温度条件下,水体条件的好坏与放养密度的大小都会影响鳖的生长。经过多年的生产试验表明,当水体中的各项指标(如溶解氧、pH 值和各种影响养殖环境的生物指标等)达到养殖要求时,鳖的生长就快,否则就会妨碍其生长。另外,在同样环境中,鳖苗阶段(2 个月)每平方米放养 20 只和放养 80 只时,放养 80 只的生长明显快于放养 20 只的;而在鳖种阶段(150 克以上时),每平方米放养 20 只以上的,比每平方米放养 20 只以下的生长慢。

2. 营养与生长的关系 饲料中的营养结构是否合理和配制原料的优劣,都与鳖的生长情况密切相关。如果饲料不合格,不但会妨碍鳖的生长还会诱发疾病,如饲料中粗脂肪比例过高时,亲鳖会因脂肪肝而影响繁殖和稚鳖的成活率。再如,鳖苗阶段饲料中粗蛋白质低于 45% 时,易出现萎瘪病。饲料中缺乏维生素和微量元素时,易产生畸形或生长不良等。

3. 不同品种与生长的关系 在同样的环境和营养条件下,优良品种较普通品种生长快。笔者在试验中发现,日本于 20 世纪 60 年代引进的中华鳖经过多年选育后培养出的日本中华鳖就比本地未经选育的野生品种后代生长快。同样,用远地域间杂交的后代在生长速度上也超过纯本地鳖。笔者曾利用华北地区野生亲鳖(雄性)与华东本地野生亲鳖(雌性)产孵的鳖苗进行 2 个月的饲养,结果异地杂交的后代比本地后代的生长快 14.78%。因此,优良品种在生长上的优势是非常明显的。

第二章 节约型养鳖的模式
与配套技术

我国地域辽阔,气候差别很大,各地可根据本地的具体资源和条件,合理利用各种有效水面和闲散场地,因地制宜地选择相应的养殖模式与配套技术进行养鳖致富。

一、集约型设施养鳖模式与配套技术

(一)采光棚两季保温养鳖技术

采光棚两季保温养鳖技术是一种不用任何加温设施的养鳖方法,不但成本低、无污染,而且鳖的病害少、成活率高、生长快、质量好,是我国目前大力推广的养鳖模式之一。

1. 工艺流程 采光棚两季保温法养鳖,就是利用采光保温棚在早春和初冬两季盖棚保温,利用太阳光能增温培育苗种,晚冬季节开棚自然越冬,夏秋季节撤棚于常温下养成商品鳖。一般养成周期为 16 个月左右,比全程在棚外池塘养殖的周期缩短 10 个月左右(图 2-1)。

2. 基本设施 由于减少了加温的锅炉与相应的管道,设施大为减少,只需修建保温棚和鳖池即可进行养殖。

(1)保温棚 要达到采光和保温的目的,还要考虑便于管理和自然越冬。通过多年实践证明,南方地区棚顶以拱形为好,棚内设 2 层塑料薄膜架,薄膜架可用竹木等制成。北方地区(冬季最低气温在 0℃以下的地区除外)棚顶采取一面坡式为好,其中北墙与小北坡应设保温层,这样便于严冬时有一定的水温越冬(水温不得低于 5℃)。南方式保温棚的排水过道

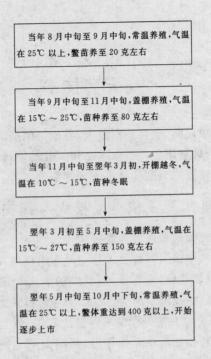

当年 8 月中旬至 9 月中旬,常温养殖,气温在 25℃ 以上,鳖苗养至 20 克左右

当年 9 月中旬至 11 月中旬,盖棚养殖,气温在 15℃ ～ 25℃,苗种养至 80 克左右

当年 11 月中旬至翌年 3 月初,开棚越冬,气温在 10℃ ～ 15℃,苗种冬眠

翌年 3 月初至 5 月中旬,盖棚养殖,气温在 15℃ ～ 27℃,苗种养至 150 克左右

翌年 5 月中旬至 10 月中下旬,常温养殖,气温在 25℃ 以上,鳖体重达到 400 克以上,开始逐步上市

图 2-1　采光棚两季保温养殖法工艺流程

至棚顶高为 1.8 米,过道宽 80 厘米,并应有 1% 的坡度向外排水。北方式保温棚的排水口应设在北墙根,排水沟盖上水泥板即为过道。北方地区在气温低于 10℃ 进入越冬期时不用开棚,可用遮阳布挡住部分光线(一般采用条挡法),使鳖能在暗光下安静越冬。

　　(2)鳖池　一般均采用砖砌池墙、水泥抹面,池深 50 厘米,单池面积 50 平方米左右,一般长为 10 米,宽为 5 米,池角要求呈圆弧形。池底也用水泥抹面,池底向排水口方向应有 0.5% 的坡度。池的排水控制可用 PVC 管插拔来进行。池底与排水沟的落差不得低于 30 厘米,而池里的排水口应设在池的一角,排水口要安装吸污器,以利于吸取污物。进水管道设在靠过道的池墙内壁上,并在池的一角上安 1 个注水阀门。

通常按照上述结构与模式造成的保温棚和鳖池,每平方米造价一般不超过 60 元,比全封闭保温室造价低 3/4～4/5(图 2-2,图 2-3)。

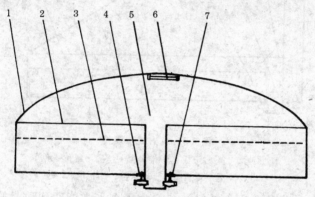

图 2-2　南方式保温棚

1. 塑料薄膜棚顶　2. 池墙　3. 水位　4. 吸污器

5. 过道和排水沟　6. 照明灯　7. 排水阀

3. 鳖苗放养

(1)放养前的准备工作

①打好底质　保温棚与鳖池造好后,除了清塘消毒,池底栖息层应考虑养殖和越冬的需要,在池底铺 30 厘米厚的细沙,并在每个池角放少许泥土,这样既有利于越冬,也利于开棚后进行生态养殖。泥土要有一定的润滑性,对肥水起到一定的缓冲作用。铺底的细沙粒径必须一致,一般要求在 0.6 毫米为宜,切忌粗细不均。

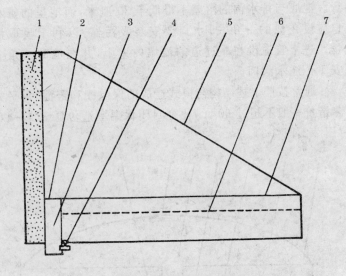

图 2-3　北方式保温棚

1. 北池墙　2. 过道板　3. 排水沟　4. 吸污器和排水阀
5. 塑料薄膜棚顶　6. 水位　7. 池墙

②搭设晒背台与饲料台　由于全采光能达到晒背的目的,所以设置晒背台十分重要。晒背台宽 1 米,长 2~3 米,制作时取 3 块厚 3 厘米、高 10 厘米、长 1 米的木板,先把木板的 4 个角锯去使木板呈长半圆形,然后钉上竹片或薄板,片距为 3 厘米,钉好后在竹片或薄板上蒙上一层沙网即可。设置时先在池底用砖(或其他支撑物)搭一个支撑架,然后把晒背台架在砖上即可。这样在白天有太阳时,鳖会爬到晒背台上晒背。饲料台一般设在池里靠过道一边的池墙边。如是水下投喂黏合性好的颗粒饲料,只需在水下平铺一块水泥瓦即可,但要求水泥瓦离水面不超过 10 厘米。

③注水培肥　池中的设施造好后应把池水注至 35 厘米

深,并在鳖苗放养前先把池水培肥,做到肥水下塘。这样做的优点包括以下几方面:一是绿水中有大量的光合藻类,白天可不开增氧泵,节省用电成本。二是有些藻类会在池壁和一些附属设施表面附着,形成一层生物膜,使苗种在爬行时不易损伤体表。三是绿水中有一定的浮游生物(如枝角类等),既是鳖苗开食的良好饲料,也能吞食一些病原菌,起到防病作用。

肥水的方法是:每立方米水体用鲜牛粪 500 克,尿素 10 克,过磷酸钙 5 克,将肥料先在桶里溶解好后均匀泼洒于池中,在天气晴好的情况下,一般 3~5 天便可达到要求,即水色呈茶绿色或黄绿色,透明度在 15~20 厘米。

(2)放养时的注意事项

①放养密度 由于是进行一次养成,冬季实行自然越冬,故放养密度以每平方米 15~20 只为好,这样如果是境外引进的鳖卵在 4 月初孵出,一般至翌年 5 月份即可养至 500 克上市。如果是国内自产的鳖卵,一般第一批苗孵出为 7 月中旬,需养至翌年 10 月份。因此,放养密度既不能像封闭性加温温室那样太高(一般为每平方米 25 只),也不能像室外精养那样太低(一般为每平方米 5 只)。

②鳖苗挑选 要求规格整齐、无病无伤,并要求同一棚内放养的鳖苗孵出时间相差不超过 5 天。最好是孵出后经过 24 小时暂养,卵黄囊刚消失,羊膜脱落未经开食的健康鳖苗。

③放养方法 鳖苗放养前可用刺激性小、性能高的药物(如用 2% 盐水等)浸泡 10 分钟进行鳖体消毒。放养时用手捧起轻撒于池水中即可。

④及时开食 放养后在饲料台中撒上一层粒径较细的颗粒饲料,如当时不吃也无妨,因池水中有大量的浮游生物供鳖苗觅食,而投喂饲料只是以诱食为目的。开食的饲料中头几

天应添加熟鸡蛋黄或红虫,比例以 10%～20% 为好。

4. 养殖管理

(1)投喂饲料　投喂饲料可按以下 4 步进行。

一是除投喂人工机制配合饲料外,应添加新鲜无毒的瓜果蔬菜汁,以补充各种维生素的不足,同时也可提高饲料适口性。根据当地的资源,可在饲料中适当添加一些新鲜的动物性饵料。近年来一些地方大量使用冰冻动物性饵料和动物内脏,由于在应用时方法不当(如冰冻制品未完全解冻就使用)和一些内脏质量不好(如有病变的肝脏等),再加上添加比例过大,易出现一些对鳖苗生长不利的现象。因此,提醒养殖户一定要用鲜活、未变质的饵料,如鲜鸡蛋、鲜蚯蚓、鲜螺、鲜鱼等,否则宁可不要添加。而添加比例除亲鳖外,一般以 5%～20% 为好。

二是要定量投喂,即根据上一餐的摄食情况和当天的天气变化情况以 10% 的幅度灵活增减。对于有采光性能的保温棚来说,如上一餐饲料被全部吃光,而当时的天气又好,则鳖的摄食量一定增加,因此投喂量可增加 10%;如上一餐饲料被全部吃光,但天气转为阴雨天时就不应增加投喂量;如在同样天气情况下上一餐饲料剩余较多,则应减少 10% 投喂量。投喂量切不可一成不变,以免造成不应有的浪费和水质污染。

三是要定点投喂,使鳖养成定点摄食的习惯,减少饲料浪费。定点投喂应视棚内的环境灵活应用,如当气温较稳定且棚内的温度也较稳定时,应采取水上饲料台投喂,最好用条状饲料并采用拦栅状饲料台投喂;如温差较大,棚内温度不稳定时,可在水下投喂黏合性好的颗粒饲料,饲料台则可采用栅笼状板式平铺水泥瓦的方法。

四是要定时投喂。也要根据季节情况灵活而定,一般气温在 25℃以上时,每日投喂 3 次,即在上午 8 时、下午 4 时、晚上 9 时各投喂 1 次;当室外温度在 25℃以下,而室内能保持 8~10 小时 25℃以上室温时,投喂 2 次,即在上午 7 时和下午 2 时各投喂 1 次;当室温能保持 20℃以上不到 8 小时时,只需中午投喂 1 次即可;而当室内温度在 20℃以下时,就应开棚让其自行停食越冬。

(2)生态管理 在塑料保温棚内,鳖的养殖环境包括空间环境和水生环境两大部分。空间环境的主要调节因子包括光照、温度、湿度、干扰因子(如影子和噪声等)、气体成分与浓度等。其中,光照与温度完全取决于棚外的气候与温度,因此在没有增温设施的情况下,棚内温度和湿度的管理措施应视棚外的气候与温度情况而定。具体措施是:气温在 25℃以上且光照充足时,进行常温养殖,当气温降至 20℃~25℃且光照强度低时,就应盖上外边第一层塑料薄膜。盖上后如阳光充足,有时上午 9 时至下午 2 时棚内温度会高达 40℃左右,此时可于阳光最强时稍打开棚底部进行通风降温。一般要求两头打开,使棚内空气对流,通风时间为 1~2 个小时。而当气温降至 15℃~20℃时,就应盖上第二层塑料薄膜,使棚内白天的平均温度达到 25℃左右,晚上因为没有阳光,室温则会降至 20℃左右,此时鳖会潜于池底减少活动量。如果想在晚上再给鳖苗投喂 1 次,可在塑料薄膜外层再盖上一层 3~5 厘米厚的草帘,以提高室内温度,增加鳖的活动量和摄食量。在前半夜,棚内可用灯光照明 8 小时以补充光照,这样,全期可使鳖延长 10~20 天的觅食时间,以增加体重。当气温降至 15℃以下时,棚内已达不到理想的觅食温度,这时可以逐步开棚准备越冬。具体方法是:在保温棚一端底部揭开外层塑料薄膜(揭开高度为 1 米左右),过 3~5 天后再按相同高度揭开另一端的塑料薄膜,再过3~5天后按照上法揭开内层塑料薄膜即可。切忌一次性全部揭掉。揭时可将塑料薄膜往内卷,这样便于下雨时积水的流走。为了防止晴天时阳光直射,棚顶可搭几条草帘以遮挡强光,此时棚内温度较低,鳖开始蛰伏越冬。另外,人在棚外不停走动的影子和声音也是影响鳖正常摄食与栖息的不利因素。因此,除了进行必要的管理工作外,平时应杜绝突然的惊吓和噪声。棚内空间的气体成分与浓度主要是指对鳖有害的气体,如氨、甲烷和硫化氢等,这些气体一般都在气温较高时容易产生并达到很高的浓度,因此棚内温度高时应及时打开塑料薄膜底部,排出这些有害气体。

冬季棚内如无特殊情况不得惊扰正在冬眠的鳖,翌年早春当气温达到15℃以上时,再采取从内至外逐层盖棚的方法,使棚内温度达到20℃以上,使鳖开始逐步活动摄食。一般从盖棚至摄食需4~8天时间,这样一直到室外气温逐步上升至20℃以上时,再从外至内逐步开棚,进入常温养殖。此时塑料薄膜如无损坏,可卷至棚顶捆住留待冬天再用。如已老化破损,可全部揭掉,晚秋时再换新的。

保温棚内的水生环境是鳖直接栖息生活的环境场所,水生环境的主要调节因子包括以下三大类。一是生物因子,包括浮游生物和水中的微生物。浮游生物种类很多,但群体最大的主要是枝角类,即所谓的"红虫"。枝角类的食物主要是水中的原生动物、轮虫、大型藻类和细菌,所以枝角类在水体中数量过多时,就会大量吞食能够进行光合作用增氧的浮游藻类,且它们在生活中也需消耗大量的溶解氧,所以它的数量越多,水质就会越坏。但枝角类也能吞食一些微生物,其中包括许多病原菌,因此它的适量存在对鳖类疾病的控制又有一定的积极作用。水环境中的浮游植物种类也很多,浮游植物在光的作用下能起到很好的光合增氧作用,在保温棚里,浮游植物光合增氧作用的大小完全取决于室内采光程度的好坏和采光时间的长短。水环境中的微生物主要是各种细菌,它们在水体中能分解一些污物,但也能导致一些疾病发生。二是化学因子,主要包括 pH 值、溶解氧、氨、氮、甲烷、硫化氢等。其中溶解氧为养殖水环境中的基本因子;氨、氮、甲烷、硫化氢为养殖水环境中的消极因子;pH 值为养殖水环境的平衡因子。水环境中各种化学因子的组成及其浓度的高低,直接影响养殖对象的生长和健康,而它们在水环境中的变化与生物因子和物理因子密切相关。当水环境中生物量很高时,如不进行人为控制,溶解氧会被逐渐耗尽,而氨、氮、甲烷、硫化氢等的浓度会逐渐增高,从而使水环境恶化。再如当水环境中浮游动物数量过多时,水环境中的溶解氧量也会急剧下降而使水环境恶化等。三是物理因子,主要包括水温、光照和水流等。由于鳖是变温动物,它们的活动和生长首先取决于生活环境中温度的变化。而且,水温的变化也影响水环境中生物因子和化学因子的变化。光照对水环境的影响主要是指对趋光生物的影响,还包括鳖的晒背需要等。此外,光照对水温也有一定影响。水流则主要对水中物质的交换和循环有一定的影响,特别是对水中气体交换起到很大的作用。

水生环境的控制和调节要结合自然气候条件与空间环境对水体的影响,着重于控制生物因子与化学因子。如水体中的枝角类过多时,应及时捞出;而当池水过于清澈时,说明可进行光合作用增氧的浮游植物已经很少了,这样的水体易发生缺氧而影响鳖的生长,此时就应肥水培养。pH 值则可用生石灰按每立方米水体使用 20～30 克进行化水泼洒。

5. 疾病防治　进行采光棚两季保温法养殖时只要在放

养和调节水质中注意操作,并且保证饲料质量优良,通常发病率极低。应在搞好生态环境和饲料营养结构的基础上利用中草药进行预防,尽量不用化学药品和抗生素,特别是环境中的常规消毒,应尽量少用有强刺激气味的含氯制品,如漂白粉、强氯精等,而应使用一些效能高、低毒、副作用小的药物,如二氧化氯等。防治疾病应坚持无病不用药,有病早发现、早治疗、少用药的原则。

(二)保温棚木屑炉加温养鳖技术

许多农民养殖户资金少、规模小,想搞控温养鳖致富,却因为购买蒸汽加温锅炉投资大,操作又要专业上岗证,故望而生畏。现介绍一种在常规塑料薄膜保温棚中用木屑(锯末)炉加温的养鳖新技术。此项技术具有投资少、易管理、效果好等优点,很适合有木屑资源的地区使用。如浙江省余杭和湖州地区的农民近年来用本法养鳖,养殖成活率大多达到90%以上,每户养3万只,养殖期10个月,可获纯利润10万元左右。现将此项技术介绍如下。

1. 基本设施

(1)保温棚　保温棚为"人"字形,顶盖2层塑料薄膜,其中间铺5厘米厚的泡沫保温板。如在北方,南坡用于采光,中间可不夹泡沫板,晚上用厚草帘盖上,白天打开采光;如在南方,可在两坡的中间留一条宽1.5米的采光带,其他部分全部封闭,这样的保温棚冬夏全能用。为了防止风吹破塑料薄膜,可在最外层铺设大眼网片。保温棚整体较矮,外池墙露出地面40厘米以开窗通风。棚内的鳖池以单层双列为好,过道兼排水沟在两列池的中央,低于池底30厘米。从排水沟底至棚顶的高度为2米,地势低的地方,可在排水沟的一头设一小水坑,用小型潜水泵排水。棚顶可用木杆、竹竿或铁管支撑。这样的保温棚既保温采光又牢固,造价每平方米 100 元左右(图 2-4)。

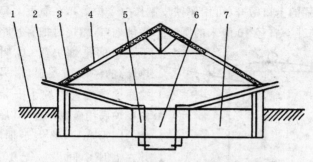

图 2-4　木屑炉加温保温棚

1. 地面　2. 烟囱　3. 棚顶保温层　4. 棚顶采光带

5. 木屑炉　6. 排水沟(过道)　7. 鳖池

(2)鳖池　鳖池建造时可考虑采用无沙养殖。单池面积根据农家小规模养殖的特点,以每池 25 平方米为好(长、宽各5 米),池的四角为圆角,池深70 厘米,最高水位 50 厘米。池底不设挡沙墙。池底的排水口设在靠过道一边的中间,池底从最内侧至过道方向应有 0.1% 的坡度,其中排水口周围应设一个低于池底 5 厘米、面积为 1 平方米左右的集污坑以便排污。鳖池为砖砌水泥抹面,表面要求光滑。除了养殖池,保温棚中间还应设置一个深 1.2 米的热水池,大小可根据规模自定(图 2-5)。

(3)木屑炉　可利用废弃

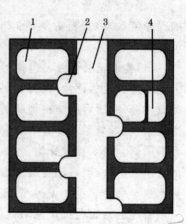

图 2-5　鳖池与木屑炉设置示意

1. 鳖池　2. 木屑炉

3. 排水沟(过道)　4. 热水池

的大铁油桶。制作时先在桶底中间开一个直径 15 厘米的圆洞,桶的上口敞开(可用厚铁皮制作一个炉盖),在靠近上口的桶壁开一直径 10 厘米的圆口作为排烟口,燃烧时把直径略小

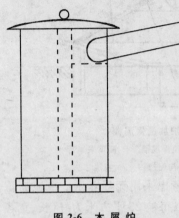

图 2-6　木屑炉

于圆口的排烟炉筒(也叫散热筒)的一端插入圆口,另一端通往池墙外。炉子安装时先在炉底用砖砌一座 20 厘米高的圆形底座,略大于桶底,并在底座中间设一宽 15 厘米,与底座同高的点火道,直通炉底的圆洞,外口设一活动小门以调节炉内火势(图 2-6)。一般根据养殖规模大小确定木屑炉安装个数,如以养殖 5 000 只鳖为例,需 25 平方米的鳖池 8 个,建池时可按图 2-5 所示,设置 4 只木屑炉。

(4)其他辅助设施　包括增氧设施和热水管道,采光带下的池中还应设晒背台,饲料台可设在靠过道的墙边。增氧泵可设在棚外,然后用塑料管通至棚内,每个池再用细胶管套沙滤石送气。一般 25 平方米的鳖池中设置 2 个,可安装在晒背台的两侧。送水管道分为 2 种:一种是给棚内热水池中送水的进水管道,一般可用管道潜水泵套塑料管送水;另一种是将热水送至每个鳖池的热水管道,也可使用小型管道泵送水。送水管道通常设在过道池墙内侧。此外还有照明设施,一般 200 平方米面积用 3 个 100 瓦灯泡即可。

2. 鳖苗放养

(1)培肥水质　鳖苗在放养前,需事先将水培肥,肥水的

方法与采光棚两季保温法养鳖相同,也可每立方米池水用 8 克尿素和 4 克磷肥化水后泼洒。要求水色呈黄绿色或茶绿色,透明度在 20 厘米以内,pH 值为 7～8,溶解氧为每升池水 3 毫克以上。

(2)布置设施 在肥水的同时,应及时将池里正常应用的设施布置好,如饲料台和晒背台等。晒背台的制作与采光棚两季保温法养鳖相同,但应设置在采光带下。饲料台设在靠过道的池墙边。如是水下投喂,需在饲料台下再铺一片水泥瓦,并将其置于距水面 10 厘米处。最后安装电灯。设施布置好后应试运转一下,确定正常后方可放养鳖苗。

(3)放养时的注意事项 在放养前应确定放养密度,如果是要养至成鳖的,密度以每平方米不超过 20 只为好;如果是只培育鳖种至翌年夏初转至棚外进行鱼鳖混养或池塘精养的,密度可在 25～30 只。放养的鳖苗要经过严格挑选,一般要求纯种、规格整齐、无病无伤、体重在 3 克以上,并且是孵出 24 小时未开过食的。放养时可用 2% 盐水浸泡 10 分钟进行鳖体消毒。放养后应及时开食。开食饲料除配合饲料外,最好加些熟鸡蛋黄或红虫。开食方法是在饲料台附近泼洒配合饲料浆,然后在饲料台上放置颗粒饲料即可。

3. 养殖管理

(1)投喂饲料 用木屑炉加温的保温棚室温较稳定,且室内湿度较低,所以投喂饲料宜在水上饲料台进行。投喂方法:将饲料和水充分搅拌后揉成长圆形的饼状备用,饲料板是一块宽 25 厘米、厚 2 厘米的木板,长度可根据实际情况确定。在距离长边 10 厘米处钉上一排竹钉,间距 20 厘米。置放时在饲料板下平放一块距水面 2 厘米的水泥瓦,饲料板放在瓦上并斜靠在过道边的池壁上。投喂时把饲料饼串在竹钉上即可,要求饼的一端紧贴水面。这样不但容易控制食量,也很少造成浪费。每日投喂3次,第一次在上午6时,第二次在下午3时,第三次在晚上9时。每餐的摄食量一般不作限制,主要看前餐的摄食情况灵活增减,要求鳖能吃饱吃好。为了补充某些维生素的不足,有条件的养殖户可在饲料中添加些瓜果蔬菜的鲜汁,对鳖的生长极为有利,并可长期应用。

(2)环境调控　为了保持保温棚内的空气环境,白天进入棚内操作时首要要打开通气窗,把室内较浓的有害气体放出。开窗的时间应根据棚外的气候条件灵活掌握,一般晴天阳光充足,开窗时间可长些;严寒的冬季和阴雨天时,开窗时间可短些。

木屑炉是提高室温的惟一设施,通常室外气候好时可48小时烧一炉,如天气较冷,一般24小时烧一炉。具体装炉方法:先打开上口的炉盖,然后拿一根直径和炉底圆洞相同的长木杆,木杆要直,表面光滑,长度以超出炉筒上口30厘米为宜(一般可用松木),把它插在炉底的洞里,然后将木屑一层层地在炉内压实,直到把木屑装到和炉口平齐,再从中间挖出一条和排烟口相通的烟道。挖好后轻轻转动木杆并缓缓将其拔出,此时可见压实的木屑中间有一个通往炉底的洞,这就是以后的火道。最后盖上炉盖,点火时打开底座处的炉门,用一张点着的纸送入火道底口点燃木屑即可。由于木屑压得实,点着后不易引起明火,而是随着排烟筒的抽力用暗火产热。点燃后不但整个炉身放热,就连炉筒也可放热,通常只要大棚保温好,昼夜室温均可保持在32℃以上。室内的增温和降温可根据天气情况用抽拉炉门进行调节,一般炉门口开大,火就着得快,放热就多;反之,炉口关小,火就着得慢,放热也少。炉内的木屑灰会随着排烟从炉筒抽走。值得注意的是,棚内的炉子不要同时点燃,可根据需要先后点燃,以免同时熄灭,影响室内温度。

水生环境的好坏可通过水色来判断,如当水体呈茶绿色或黄绿色时,是各种生物较平衡的表现,证明水质良好;如水色呈红色,则表明红虫较多,是缺氧的预兆,这时不但要启用增氧机,还应适当捞出红虫,减少耗氧生物。由于设有吸污装置,可及时排出污泥,因此一般不用大量换水。整个养殖周期只需换水1~2次,每次换水量最好不要超过10厘米,切忌彻底大换水。pH值低时可用生石灰按每立方米水体使用20克化水后全池泼洒,饲料台下的重污染区可多泼些。应把水色调节为绿色,浑而不臭,透明度不超过20厘米。此外,随着鳖的规格增大可逐步将水位提高至30厘米(最高水位),通常是鳖苗长至100克以上的鳖种时加至最高水位。

4. 疾病防治　只要鳖苗质量好,饲料营养全面、新鲜、适口,加上良好的生态环境,鳖一般不会生病,但日常管理时仍要细心观察其活动情况。如发现鳖在池中上下翻滚旋转,说明水质变坏需调节水质;如发现饲养人员进入棚后鳖在饲料台或晒背台上停留不动,说明鳖的内脏可能发生疾病。此外,平时还应经常抽样检查其体表有否生病,及早发现及时治疗。治疗时最好使用副作用小的中草药,做到无病不用药、有病早治疗、治疗少用药的原则。

二、池塘混养型养鳖模式与配套技术

除水泥池外,室外养殖用的泥池塘底质应符合国家的有关规定,其主要规定指标包括以下内容。

第一,无工业废弃物和生活垃圾,无大型植物碎屑和动物尸体。

第二,无异色、异臭、自然结构。

第三,底质有害有毒物质遵循最高限量要求(表 2-1)。

表 2-1　养殖池塘底质有害有毒物质最高限量标准

序　号	项　目	指标(毫克/千克湿重)
1	总　汞	≤0.2
2	镉	≤0.5
3	铜	≤30
4	锌	≤150
5	铅	≤50
6	铬	≤50
7	砷	≤20

(一)鳖鱼混养技术

1. 鳖鱼混养的搭配原理与优点

(1)搭配原理　鳖鱼混养模式虽以养鳖为主,但水体空间鱼类数量较多,配比时既要考虑鳖和各种鱼类的生物学特性,又要考虑池塘在养殖过程中饵料资源的多寡与结构。例如,加州鲈是名优特鱼类,市场售价高出常规鱼类好几倍,属高价值鱼类。从捕捞角度看,加州鲈属中层鱼类较易起捕。加州鲈属肉食性鱼类,可控制池塘小杂鱼的繁生,但光靠池塘中自然繁殖的小杂鱼不能满足加州鲈的生长需要,因此还要搭配一些繁殖力强的鲫鱼和罗非鱼。而鲫鱼是利用池塘底栖生物和有机碎屑的能手,同时还可以利用鳖摄食时撒落于水中的残饵。鳙鱼主食浮游生物,而池塘浮游生物是池塘主要的耗氧因素之一。混养池为避免惊扰鳖不宜用增氧机增氧,因此调节高温季节水中溶解氧的含量主要依靠控制浮游生物来进行。据测定,在相同面积和相同气候条件下,鳙鱼配养多少与池塘溶解氧含量高低密切相关,即鳙鱼多,溶解氧含量相对高,所以鳙鱼在混养池中有调节水质的作用。而鳖和底层鱼类在池底的活动翻起的底泥又能使池塘的肥度增加,在一段时间浮游植物数量会急剧增多,严重时可形成一层恶臭的水华,所以辅以少量的鲢鱼也可起到调节水质的作用。由于混养池塘的池坡是土质坡,难免有杂草长出,而养鳖要求池坡不应有太多太高的杂草丛生,以免敌害栖生。因此,少量配养一些大规格的草鱼,可控制杂草丛生,起到一举两得的作用。

(2)优点　鳖鱼混养最突出的优点有以下 3 点。

①提高鳖池利用率　在同样的鳖池面积中增加了特种鱼和常规鱼的放养,提高了鳖和鱼的产量。

②改善水生环境,控制疾病发生　试验表明,在同样条件的鳖池中,混养养殖成活率比单养鱼类可提高 12%左右。

③提高经济效益　通过试验和大面积推广证明,鳖鱼混养养殖效益可比单养养殖每 667 平方米增收 800 元以上。

2. 池塘的改造与清整　鳖鱼混养的池塘底质最好是沙土结构,壤土底质的次之,所以最适合在沿海海涂地区的池塘进行。

混养池塘除了要保持原来养鱼时的排灌方便、水质好、水源充足和交通、用电便利等必要条件外,还应根据鳖的特点进行改造。一是要求池坡的坡比为 1:3～4,这样的池坡有利于鳖爬到坡上晒背。二是设好防逃墙,防逃墙一般设在堤面距池边 50 厘米处,可用砖或水泥板搭建,墙高 50 厘米,墙顶须设一"T"字形防逃檐。三是池中应设晒背台,可用木板做成浮排式,要求每 667 平方米设置 1 个,每个面积 6 平方米。四是设置饲料台;饲料台可设在池坡距水面 15 厘米处,并在饲料台上搭建遮雨棚。

清塘即清除池塘里的一切杂物碎石和过多的淤泥,然后在向阳背风的池坡下铺 20 厘米厚的细沙。冬季最好彻底清干池底任其日晒板结,春季再用生石灰按每 667 平方米用 75 千克化水泼洒消毒,然后一次性注水至标准水位。

3. 鳖和鱼的放养

(1)放养种类与配比 根据近几年各种配比模式的产量和所获得的经济效益,选出一个较好的混养模式(表 2-2),各地可根据自己的具体条件参考应用。

表 2-2 鳖鱼混养品种搭配 (每 667 平方米放养量)

放养品种	放养规格	放养数量
鳖 种	250 克/只	600 只
加州鲈	30 克/尾	100 尾
鲫 鱼	50 克/尾	200 尾
罗非鱼	25 克/尾	100 尾
鳙 鱼	100 克/尾	200 尾
鲢 鱼	100 克/尾	50 尾
草 鱼	200 克/尾	20 尾

注:罗非鱼应是不能繁殖的单性罗非鱼

(2)放养方法 由于各地气候条件不同,所以放养的时间也不同。如华东地区放鱼可在 3 月中旬,放鳖可在 5 月底或 6 月初池塘水温达到 25℃左右时;华南地区放鱼可在 2 月中旬至 2 月底,放鳖可在 4 月底至 5 月初;华中地区鱼和鳖可同时放养;东北地区、西北地区气候寒冷,可再适当推迟放养时间。为防止疾病发生,放养前鳖和鱼须进行药物浸泡消毒。放养时除鱼外,鳖最好放养在饲料台上任其自行从饲料台上爬下游走。放完后应马上在饲料台上撒些颗粒饲料诱食,使鳖尽早开食。

4. 养殖管理

(1)投喂饲料　鱼类放养后主要依靠池中的天然饲料,只在高温季节根据情况适当投喂一些饲料,而鳖则可投喂成鳖饲料。初次投喂数量不可过多,如全部吃光可增加投喂量,以后应根据饲料被吃掉的数量灵活控制投喂量。几天之后,鳖就会养成到饲料台摄食的习惯。有些养殖户将一些死猪、死禽或动物内脏直接投到池里喂鳖,这是不可取的,因为鳖在人工饲喂的情况下是不会吃这些死动物的,相反倒会败坏水质,即使要喂也应加工后与其他饲料混合做成颗粒饲料后再投喂。

(2)调节水质　由于混养池中鱼类的放养量并不多,加之投喂较少,一般不会出现较大的水质问题。但遇高温季节或连续阴雨天,应注意适当换水。

(3)巡塘　是保证池塘设施安全和掌握养殖情况的重要生产环节。巡塘时间一般在早上和傍晚,巡塘的内容包括观察鳖和鱼的摄食情况与活动情况、池塘水质变化情况、池塘设施完好情况等。巡塘时要特别注意防逃墙底部是否出现洞穴和进、出水口拦栅是否有损坏,如发现应及时修复。每次巡塘后应做好巡塘记录。

5. 捕捞　可用拉网清底法,将捕鱼和捕鳖工作同时进行。具体捕捞方法:先把池水放至 1 米深,再把饲料台和晒背台拆除,置于仓库保管。然后用网线粗为 4×4、网目大小为 $3 \sim 4$ 厘米的大拉网先拉几网,将大部分中上层鱼和部分鳖捕起。此时操作人员除起网场地外,不可到池中间去乱踩。拉网后池塘静置 1 天,再将水位放至 40 厘米,再用上法拉几网,可将剩余部分中95％的鱼和部分鳖捕起。最后将池水放干，用捞海捞出剩余的底层鱼，再组织人员在池底抓摸捕鳖。这种方法的优点是捕捞较为彻底，而且不会损伤鳖体，但工作量和劳动强度相对较大。

(二)鱼鳖混养技术

鱼鳖混养是在养鱼的池塘里，在正常养鱼的基础上再套养鳖的养殖模式，适于在任何标准鱼塘中进行。

1. 鱼鳖混养的优点

(1)成本低、效益好 以667平方米一般土质鱼塘，并按投喂与不投喂2种方案进行核算为例。

不投喂方案：放养鳖种50只，每只400克，以每500克20元计算，共计800元。池塘改造费用和放养后15天内投喂的饲料费用按150元计算，两项费用合计950元。按90％成活率、每只体重750克计算，产量可达33.75千克。按每500克鳖售价40元计算，产值可达2 700元，利润可达1 750元。

投喂方案：放养鳖种100只，共计1 600元，池塘改造费100元，整个养殖期需投喂螺蛳300千克，按每千克1元计算，两项费用合计2 000元。按90％成活率、每只体重0.75千克计算，产量可达67.5千克，产值可达5 400元，利润可达2 400元。

(2)质量好、市场大 鱼鳖混养的鳖由于生长环境好、养殖密度稀，并且摄食生物饵料，质量优于常规养殖的鳖，故在市场上不但售价高，而且很受消费者喜爱，市场需求很大。

(3)技术简单易行 由于是在鱼塘中混养，所以只要会养鱼的人，都可进行操作，技术十分简单易学。

(4)节省土地资源 混养在鱼塘中进行，不另外占用土地建池,这样不但可节省大量的土地资源,也大大提高了养鱼池塘的利用率。

2. 鱼鳖混养的池塘条件

第一,池堤牢固,池深 1.2～1.6 米,池坡比最好为 1∶3～4。

第二,注、排水方便。

第三,池塘内坡无木质性杂草。

3. 放养前的准备工作

(1)建好防逃设施　在池堤上用硬塑板或石棉瓦建造防逃墙,防逃墙要埋入地下 25 厘米,露出地面 30 厘米,并要求牢固。

(2)清塘消毒　一般每 667 平方米用生石灰 150 千克进行干法消毒,并清除池底一切与养殖无关的杂物。

(3)注水放鱼　按常规养鱼进行放养,放养前用 0.3％盐水浸泡 5 分钟消毒。放鱼最好在清晨太阳出来前进行,有条件的地方也可采用秋放过冬的模式。

4. 鳖种放养

(1)放养品种　最好选择本地培育的中华鳖,不可用境外鳖(如泰国鳖),因为境外品种容易早熟不利于其生长。

(2)放养密度　一般是以池塘中饵料多寡和池塘土质情况以及是否采用投喂模式而定。同时,为了能通过春放秋捕达到上市规格,一般采用体重 400 克的大规格鳖种放养(表 2-3)。

(3)放养时的注意事项　放养应在晴好天气并且水温达到 25℃以上时。放养前鳖体用 3％盐水浸泡 10 分钟消毒。放养时应将其捧在掌心轻贴于水面任其自行游走。

5. 养殖管理　放养后的半个月内应投喂些鲜活饲料,如小鱼、螺蛳等。巡塘和其他管理与鳖鱼混养技术相同。

表 2-3 不同土质池塘与投喂情况的放养密度

土 质	鳖种规格(克/只)	投喂情况	放养密度 (只/667平方米)	备 注
泥 土	400	不投喂	50	养至当年 11月份上市, 一般体重可 达750克左右
		投 喂	100以上	
沙 土	400	不投喂	50	
		投 喂	150以上	

6. 捕捞和暂养 捕捞时一般先捕鱼,在用网捕鱼时也会捕起部分甲鱼,待鱼捕完后再把池水彻底排干,对池底的鳖进行人工抓捕。

捕起的鳖如一时销售不完,可在室内或院子里用砖或木板搭建小沙池进行暂养,一般沙池高30厘米,底铺20厘米厚、粗细均匀的细沙,暂养时沙子应保持一定的湿度。

(三)虾鳖混养技术

是在水源和环境达到无公害要求的条件下,在常规养虾的池塘里套养鳖种养成商品鳖的高效生态养殖模式。浙江省海宁、桐乡和江苏省昆山等地用此模式养殖,每667平方米经济效益较单养提高2倍以上。

1. 虾鳖混养的搭配原理与优点 虾是鳖在野生环境中最喜食的饵料,依照常理不应该混养,但经研究发现,在养殖密度适宜、不形成饵料矛盾时,虾和鳖之间有相互促进的作用。如鳖在人工投喂饲料的情况下,一般不吃活动能力强的虾而只吃病弱的虾,而虾可以清理鳖的残饵起到净化水环境的作用,且养成的虾不但产量高、规格大,质量也比单养的要好。所以,虾鳖混养具有成本低、效益好的优点。

2. 池塘改造 虾鳖混养的池塘面积以3 335平方米左右

为好,池深 1.2～1.5 米,水深 1 米左右,池塘坡比在 1∶3～4,这样不但容易管理也易于捕捞。为防止鳖逃跑,池埂上可用铁皮或水泥瓦搭建防逃墙,防逃墙也要求埋入地下 20 厘米,露出地面 30 厘米。池边朝南处设置几块水泥瓦作为饲料台,饲料台应顺池边一半没于水中,一半露出水面。

3. 清塘消毒 除新池塘外,旧池塘必须彻底排干池水,并清出厚 15 厘米以上的淤泥,然后用生石灰按每 667 平方米使用 100 千克的比例进行干法消毒(如是盐碱土壤可用二氧化氯)。清塘 3 天后注水至 80 厘米,注水时进水口应用 80 目筛绢网滤水,以免敌害生物进入虾池。

4. 投放螺蛳 为了补充鳖的生物性饵料,应在虾鳖放养前按每 667 平方米投放鲜活螺蛳 100～150 千克任其繁殖生长。

5. 虾、鳖的放养

(1)鳖种的放养 放养密度应根据当年养成法确定,故放养规格应不小于 250 克/只,这样到秋天停食起捕时就可长成每只体重在 0.5 千克以上的优质商品鳖。放养密度为每 667 平方米 150～200 只。华东地区和华中地区的放养时间一般在 5 月中旬至 6 月初,华南地区在 5 月初。放养时要求天气晴好,并且池塘的水温要达到 25℃ 以上。放养的鳖种要求规格整齐、无病无伤、体形完整。放养前鳖体可用 3% 盐水浸泡 10 分钟消毒。

(2)虾种的放养 放养的虾种最好是当地自产自育的青虾,虾种规格要求 1.5 厘米以上,放养数量为每 667 平方米 6 万尾。放养时间在 7 月上旬,虾种放养后池水可加深至 1 米。

6. 养殖管理

(1)投喂饲料 虾按常规投喂量投喂商品虾饲料,鳖放养后开始可投喂些新鲜小杂鱼和猪肝诱食,1个月后逐渐停喂,以后则以池中的病弱小虾和繁殖的螺蛳为食,不必再投喂商品配合饲料。

(2)水质管理　除盐碱土质的池塘外,养殖期应不定期使用生石灰调节水质,用量为每立方米水体50克,使水体pH值始终保持在7～8。高温季节还应适当更换新水,每次换水量为原池水的1/5。

(3)巡塘　在养殖期间,必须坚持每日巡塘。巡塘主要是观察池中虾和鳖的活动情况、进水和出水口拦栅的完好情况、水质变化情况以及敌害侵袭情况等。巡塘后要做好记录,发现问题及时处理。

7. 捕捞和暂养　虾的捕捞可根据市场和虾的生长规格采取间捕和集中捕捞相结合的方法;鳖则要等虾捕完后放干池水清底抓捕。由于鳖的捕捞较集中,如不能一次销完,可暂养在家中的仓库里。暂养前在地面铺上30厘米厚的潮湿细沙,将鳖埋于沙中即可。通常在室温15℃左右时可保存30多天,在此期间可根据市场行情,逐步挖出,洗净后即可上市销售。

(四)鳖鱼南美白对虾混养技术

这是在鳖池中套养鱼和南美白对虾的混养技术模式,很适合在我国沿海地区土质为沙性、水质略有盐度的微咸水池塘中进行,一般内地纯壤土质淡水池塘还是以河虾与鳖混养较适宜。

1. 鳖鱼南美白对虾混养的搭配原理与优点　在以养鳖为主的池塘中,鳖的残饵和粪便极易败坏水质而影响商品鳖的质量和产量,特别是养殖期鳖池中大量产生的浮游生物是池塘的主要耗氧因子。因此,在鳖池中套养南美白对虾可有效地清理鳖的残饵,而套养以食浮游生物为主的鳙鱼,则能改善水体质量,可提高池塘利用率,节约饲料,改善水质环境,提高产品质量和产量。通过几年的试验和推广,在养鳖池塘中混养鳙鱼和南美白对虾,每 667 平方米的经济效益可比单养提高 2 000 余元。

2. 养殖池塘应达到的基本条件 单池面积为 3 335~4 002 平方米,平均池深 1.5 米,水深 1.2 米,池坡比要求为 1∶4。水质应符合国家标准,土质为沙壤土,注、排水方便。池坡距水面 10 厘米处设饲料台,每个单池设 1 台水车式增氧机,池的四周用水泥瓦搭建防逃墙。

3. 清塘消毒 池塘用二氧化氯按产品说明进行常规清塘,2 天后注池水至标准水位后待放养。

4. 放养 应先放虾,后放鳖和鱼。虾苗在放养前应先试水,具体方法是:先准备一盆池水,将准备放养的虾苗置于盆中,24 小时后如未发现异常,即可全数放养虾苗。

一般在 5 月初放虾苗,半个月后再放养鱼种和鳖种。鳖种放养前用 3% 盐水浸泡 10 分钟进行鳖体消毒,鱼用 0.2% 盐水浸泡 5 分钟进行鱼体消毒,虾苗则直接放养。鳖、鱼、南美白对虾每 667 平方米放养数量和搭配情况见表 2-4。

表 2-4　鳖、鱼、南美白对虾每 667 平方米放养数量与搭配情况

放养品种	规　格	密　度
鳖	315 克/只	1 500 只
鳙鱼	180 克/尾	50 尾
南美白对虾	—	20 000 尾

5. 养殖管理

(1)投喂饲料　鳖的投喂按四定原则:一要定质,可用市售的商品配合饲料。二要定量,可按鳖放养重量的3%比例给予,并按前餐的摄食情况以5%幅度调整下餐的投喂量。三要定时,每日投喂2次,于上午6时和下午5时各投喂1次。四要定位,把饲料制成软颗粒投放在饲料台上。

南美白对虾放养后投喂虾饲料20天,之后停喂。鳙鱼不投喂。

(2)水质管理 水质pH值低时应用生石灰调节,每立方米水体用量为30克。高温季节应适当启动增氧机增氧。

(3)巡塘 要求每日早、晚各1次,主要观察鳖的摄食情况、水质变化情况和池塘设施完好情况,并要及时捞出病死鳖。巡塘后应做好巡塘记录,如发现问题应及时处理。

6. 捕捞 10月中旬鳖、鱼、南美白对虾基本停食。鳙鱼可于9月底开始捕捞,在国庆节上市;南美白对虾于10月初开始捕捞,至10月中旬基本结束,捕捞时可采用地笼捕虾网;鳖于11月初开始陆续捕捞上市。

(五)蟹鳖混养技术

1. 蟹鳖混养的搭配原理与优点 这是一种在正常养蟹的池塘中再套养鳖的高效养殖模式,其基本条件是养殖水质和环境必须达到无公害标准要求。

2. 池塘改造 主要项目包括搭建防逃墙和改造池坡。防逃设施一般蟹池都有,但因设得较浅,所以必须重新搭建。可用铁皮或水泥瓦搭建防逃墙,要求同前文所述。套养鳖的池坡应改造成1∶4,这样不但池边水中易养水草供蟹栖息,较缓的池坡可成为鳖的晒背栖息场所。

3. 放养前的准备工作

(1)清塘消毒 除新池塘外,旧池塘必须彻底排干池水,清出多于15厘米厚的淤泥和一切杂物,并把池中的大坑填平,然后在日光下暴晒几天,最后用生石灰按每667平方米使用150千克进行干法消毒。清塘3天后注水至50厘米深。注水时进水口要用80目筛绢网滤水,以免敌害生物进入蟹池。

(2)引养水草　为了给蟹提供良好的栖息场所,放养前必须引养水草。根据笔者多年经验,引养水草以花生草(革命草)为好,一般养在池的四周。

(3)投放螺蛳　为了给蟹和鳖提供活饵,可在注水后每667平方米投放活螺蛳75千克,螺蛳在投放前最好先在干净的水泥池中用清水放养十几天。

4. 蟹、鳖的放养

(1)蟹种的放养　蟹种应选择长江水系的优质品种。由于是和鳖混养,故蟹种的规格应适中(5～8克/只),体质要健壮。而放养密度一般以每667平方米4 000～5 000只为好。放养时间在2～3月份。

(2)鳖种的放养　如是野外塘培育的鳖种,放养时间可在4月底至5月初;如是工厂化温室培育的鳖种,则须等池塘水温达到25℃以上时才可放养。放养个体规格为每只200克左右,放养数量为每667平方米150只。放养前鳖体可用3‰盐水浸泡10分钟消毒。

5. 养殖管理　以正常养蟹管理为主。

(1)投喂饲料　蟹的投喂按常规投喂数量和方法进行。鳖在放养后头1个月可投些小鱼、猪肝等鲜活饵料,以后逐步减少喂量直至停喂,以池中的螺蛳为食。

(2)水质管理　池塘的水质要求达到国家标准,pH值为7～8。除养好水草外还应适当换水,当pH值低于7时应用生石灰按每立方米水体使用50克进行调节。

6. 捕捞 一般为先捕蟹、后捕鳖。蟹可根据实际生长情况和市场行情进行间捕和集中捕捞;鳖则在蟹捕完后进行清底抓捕。

(六)蚌鱼鳖混养技术

1. 蚌鱼鳖混养的搭配原理与优点 是在正常养蚌的池塘里混养鱼和鳖的一种养殖模式。我国江南地区池塘养蚌育珠的规模很大,但过去养殖大多较为单一,后经试验证明,在养蚌的池塘中套养鱼和鳖不但不影响养蚌育珠,而且可以养成优质的鱼和鳖,且鳖的质量明显优于集约化养成的质量,取得了高于单独养蚌几倍的经济效益,值得在养蚌育珠的地区推广。

2. 放养前的准备工作 由于养蚌的周期较长(一般在 3年以上),所以套养鳖不必等蚌收获后再彻底清塘注水放养,只要将池塘按照养鳖要求略加修整后,即可同时放养鳖和鱼。

(1)建造防逃墙 同其他混养模式一样,必须用铁皮或水泥瓦建造防逃墙,具体要求同前文所述。

(2)搭建晒背台 由于养蚌池一般都较大,而且水深坡陡,所以鳖在池壁上几乎无处栖息,故必须搭建晒背台,一般要求每 1 334 平方米搭建 1 个 10 平方米左右的晒台。

(3)投放螺蛳 由于本项技术的养殖时间较长,所以鳖的放养采用稀放不投喂模式。因此,需在池中投放些繁殖力较强的螺蛳,作为鳖的饲料。

3. 鳖种放养

(1)放养规格与放养密度 根据养蚌周期较长的特点,放养鳖种的个体规格以 100 克左右为好,这样 3 年后起捕时个体规格可达 600 克以上。而放养密度因采用不投喂模式,所以每 667 平方米可放养鳖 150 只。

（2）放养时间　蚌池放养鳖种的时间最好在 6 月中旬。放养时鳖体应用 3‰盐水浸泡 10 分钟消毒，然后轻轻倒在池边任其自行爬入池中即可。

4. 养殖管理

（1）投喂饲料　鳖种放养后前 15 天应在晒背台上投喂些鲜活饵料，如小杂鱼、猪肝、蚌肉块等，以增强鳖的体质和摄食能力，提高其对疾病的抵抗力。

（2）巡塘　养殖期间必须坚持每日早晚巡塘，观察池中鳖的活动情况，进、出水口拦栅的完好情况，水质变化情况，敌害侵袭情况等。巡塘后要做好记录，发现问题及时处理。

5. 捕捞　待蚌和鱼起捕后，组织人员排干池水，对鳖进行清底抓捕。

三、种养结合型养鳖模式与配套技术

（一）茭白田养鳖技术

1. 茭白田养鳖的搭配原理与优点　茭白田属中低水位、面积较大的水生植物种植水域，具有水质清新、水生动植物种类和数量丰富的生态特点（如有鱼、螺蛳、蚯蚓和各种水草），是鳖生长的理想场所。茭白田养鳖，不但可给鳖提供理想的生长环境，而且鳖也可为茭白田除草、驱害、松土施肥。这样，茭白田养鳖每 667 平方米的经济收入可比单种茭白增加 1 000 元左右。

2. 茭白田的改造　茭白田养鳖须做好以下 3 项改造工作：一是建好防逃设施；二是挖好鳖沟，一般横排每 15 株茭白丛挖一深 30 厘米、宽 50 厘米的沟即可；三是应在鳖沟两端各设 1 个用水泥瓦或木板制成的饲料台。

3. 鳖种放养　茭白田养鳖采用春放秋捕的模式，所以放养规格要求每只在 350 克以上,这样到秋天可长至 750 克以上作为精品上市销售。茭白田养鳖的放养密度,要看茭白田中自然饵料的多寡和放养后是否投喂而定。具体放养密度见表 2-5。

表 2-5　茭白田养鳖放养密度

茭白田自然饵料情况	投喂方式	放养规格 (克/只)	放养密度 (只/667 平方米)
较　多	不投喂	400 以上	50
较　少	不投喂	400 以上	20
较　少	投喂鲜活饵料	350 以上	100
极　少	不投喂	400 以上	20
极　少	投喂鲜活饵料	350 以上	100
极　少	投喂配合饲料	400 以上	150

注:鲜活饵料是指鲜活的鱼和一些动物内脏等,喂前应切成小块

　　茭白田放养鳖种的时间,可在 4～5 月份,放养时最好选择连续晴好的天气。放养前要求鳖体用 3‰ 盐水浸泡消毒 10 分钟,然后直接将消过毒的鳖种倒进鳖沟中即可。

　　4. 养殖管理　　如采用投喂方式,一般在每日上午 10 时投喂 1 次。投喂时应把饲料投在饲料台上,投喂量为鳖体重的 2%。养殖期间一定要定期巡田,观察防逃设施的完好情况,进、排水口的完好情况,鳖的摄食情况,茭白田的水位变化,鳖的活动情况等,如发现问题应及时处理。

　　5. 捕捞和暂养　　11 月份即可开始捕捞,捕捞前先把茭白田的水位降低至鳖沟里只剩一半水,这样,鳖会集中到鳖沟中,工作人员在沟内摸抓即可。使用本法捕捞很难一次捕净,所以防逃设施千万不可过早拆除。

捕起的鳖如一次销售不完,可运到家中暂养。暂养地可选在安静无异味的阴暗仓库,暂养前先把仓库地面打扫干净,然后铺上30厘米厚略潮湿的细沙,再把鳖埋在沙里即可。一般室温如不超过15℃,可暂养30天左右,销售时可根据需求数量随时挖出,十分方便。

(二)稻田养鳖技术

1. 稻田养鳖的搭配原理与优点 稻田养鳖是利用稻田的有效水面,在不影响种稻的基础上进行鳖的养殖。在种养过程中,稻能吸收田中鳖的排泄物,净化水环境,鳖能清除田中的杂草,惊跑老鼠等敌害,同时排出的粪便还可肥田。稻和鳖互相之间可起到预防病害、促进生长、提高经济效益的作用。

2. 稻田养鳖的基本条件 稻田用水应是无污染、无公害的江河湖库水,注排水方便、水源充足,最好是种单季稻的田块。

3. 稻田养鳖的基本设施

(1)防逃设施 防逃设施最好用石棉瓦横放于养鳖稻田四周的田埂内,并要求结实牢固。此外,还应设好进、出水口的拦栅,拦栅既要考虑农田注排水通畅,又要考虑防鳖逃走,所以进、出水口最好安装带铁栅网的木制闸门,铁栅网的网目以不超过5厘米为宜。闸门上可做一个溢水口,以便雨量大时用来溢水。

(2)挖好鳖沟 鳖沟是农田施肥撒药时鳖的躲避场所,也是干田时躲避敌害的场所。鳖沟一般挖在距田埂2米远的稻田中,根据稻田大小不同,可挖成"十"字形、"田"字形、"口"字形、"日"字形和"井"字形,以深40厘米、宽50厘米为宜。挖鳖沟最好是在稻苗返青直立后进行。

（3）搭建饲料台和晒背台　饲料台设在鳖沟两端，可用水泥瓦搭建，既可作为饲料台也可作为晒背台，放时可顺沟坡斜放，底部最好用木桩固定。

4. 鳖种放养　稻田养鳖的鳖种，除要求无病无伤、身体健康之外，规格要求每只不小于 350 克，这样经过几个月的养殖，可长成 500 克以上的商品鳖。鳖种在放养时要求用 3%盐水浸泡消毒 10 分钟，放时应把鳖种放在鳖沟里任其自行游走，同时在饲料台上放置人工配合饲料，使鳖尽快找到投喂点并形成定点摄食的习惯。放养时间最好是在稻苗返青竖直之后，太早容易破坏秧苗。如采用投喂方式，每 667 平方米放养密度为 200 只左右；如采用不投喂方式，每 667 平方米放养密度为 35 只。

5. 养殖管理

（1）投喂饲料　如采用投喂方式养殖，一般在上午 9 时和下午 4 时各投喂 1 次。饲料可购买厂家生产的成鳖配合饲料，也可根据当地的饲料资源自行配制团状饲料。有鲜活动物性饲料资源的地方，利用小杂鱼和畜禽的新鲜内脏等进行养殖，效果也较好，但喂时应切成小块或打成肉糜鱼浆与面和成团状再投喂，切不可直接投喂。投喂量以让鳖吃饱吃好为原则，并应根据摄食情况与气候变化情况灵活增减。

（2）巡田　在稻田中养鳖，巡田很重要，因为在养殖过程中会有鼠、蛇和野猫等敌害侵袭，它们不但直接危害鳖的生命，也会在田埂上钻洞挖穴，破坏鳖的防逃设施。因此，在巡田时，必须认真检查进、出水口和拦栅，如发现敌害和洞穴，应马上清除和修复。另外，打药施肥是稻田的常规管理，稍不留意，就会给鳖带来毒害，所以在打药施肥前，应先把鳖赶到鳖沟里，然后再打药施肥。同时，也应尽量注意不要将药喷洒到水沟里。巡田还应注意稻田水位的变化,特别是雨天应加强夜间巡查,如发现拦栅倾斜倒塌,应及时修好。闸门上黏附的杂物也应及时清除,以免堵塞网眼影响溢水。对田埂破损的地方更应及时修复,以防逃鳖。

6. 捕捞和暂养　捕捞时间通常在水稻收割前后,最好根据市场情况,分批诱捕,及时上市。诱捕可用倒须笼,在销售的前一天晚上将其置于饲料台边的鳖沟里。最后可放干水清底捕捞,防逃墙不应过早拆除,待捕捉数量与放养数量基本接近时再拆除。为了方便捕捞,一些地方利用鳖喜钻沙底的习性,在鳖沟底部先铺上水泥板,然后在板上铺上 20 厘米厚的细沙,等捕捞放水时,大多数鳖都会钻到沙层中去,这样就方便了捕捞,但相对增加了成本。有些地方的稻田需在秋季翻耕,而捕出的鳖一时又销售不完,此时最好在自家庭院或室内用砖砌一小型暂养池,池中铺上 30 厘米厚的潮湿细沙,将鳖埋入沙中。一般如果温度不超过 15℃,每平方米放 30 只,可暂养 1 个月左右。

(三)藕田养鳖技术

藕田不但环境好,水质也好,还有一些水生生物可作为鳖的饲料,因此利用藕田养鳖既可以提高藕田的利用率,还可养殖出质优价高的鳖产品而增加藕田的经济效益,有条件的地方值得推广应用。

1. 建好防逃设施和晒背台　藕田养鳖一般不挖鳖沟,但应建好藕田四周的防逃墙。防逃墙可用石棉瓦横放或用竹箔围于藕田四周的田埂内,注意一定要扎实牢固。同时,应在田中设几个晒背台,晒背台可用木板搭成斜坡状,要求坡度为1∶5,并高出荷叶 20 厘米。一般每 667 平方米应设面积为 5平方米的晒背台 2 个。

2. 鳖种放养　藕田养鳖放养的鳖种个体规格应不小于400克,这样到秋季可长成750克以上的商品鳖。如采用投喂方式,每667平方米放养密度为100只以上;如采用不投喂方式,一般每667平方米放养数量应不超过30只。放养品种最好是适应性较强的本地中华鳖。放养前应用3‰盐水浸泡10分钟消毒,放养最好在晴好天气的中午进行。

3. 养殖管理

(1)投喂饲料　大多数藕田养鳖都采用投喂的方式。投喂的饲料大多是杂鱼、螺蛳、蚌肉和屠宰场的下脚料等。投喂时应注意以下几点:一是饵料一定要新鲜,不能投喂腐败变质的饵料。二是投喂前一定要切成适口的小块。三是应在水上设饲料台进行定点投喂,不要直接投入水中。四是投喂后2小时应及时清除残饵,以免引来蛇、鼠等敌害。投喂量应根据天气和前餐的摄食情况以5％的比例灵活增减。

(2)圈叶　藕田里的莲藕长满后,阳光不能直射水面,不利于鳖的晒背和提高水温。因此,当水面完全被藕叶遮住后,应当用绳子把藕叶圈住,尤其是晒背台周围要拦出几条见光的水带,以利于鳖的生长。

(3)巡田　藕田养鳖,应加强巡田。巡田的目的是了解防逃设施的完好情况、防盗以及检查田中有无敌害。在下大雨和连雨天气时,应密切注意藕田水位,因在高温季节里,如藕田水位过高或有可逃逸的洞穴和溃口,鳖会集群逃跑,所以一旦发现洞穴和溃口应及时修整。

4. 捕捞　藕田捕鳖可同挖藕工作同时进行,因挖藕不可能一次性挖完,所以在已挖处和未挖处的交界应用木板或石棉瓦拦好,否则鳖会来回爬动而增加捕捞难度。捕捞后如一时销售不完,可用前述方法在家中暂养。

(四)稻鳖轮作技术

稻鳖轮作是利用较平整的稻田进行隔年轮换种养的一种新模式,其优点是养鳖后的田再种稻不用施肥打药,而种过稻的田再养鳖可降低鳖的发病率,从而达到产品好、价格优、种养双丰收的增效目的。下面介绍当年种稻翌年养鳖的技术模式。

1. 稻田的改造和消毒　稻田在当年收割时,要求把稻茬留到最低,然后干田过冬,翌年经改造消毒后即可进行养鳖。首先是建好防逃墙,然后用二氧化氯进行田底消毒,消毒后在田埂边搭好饲料台和晒背台,最后设置好进、出水口的拦栅和闸门即可注水放养。

2. 鳖种放养　由于轮作一般采用春放秋捕的方式,所以放养的鳖种个体规格最好在 300 克以上,每 667 平方米放养量为 500 只。由于稻田比鱼塘浅(一般只有 60 厘米左右),所以一般不套养过多的鱼,可以每 667 平方米放养 20 尾左右的花白鲢,也可套养 1 万尾左右的河虾苗。鳖种的放养时间在 5 月中旬至 6 月初。

3. 养殖管理　除了应在高温季节适当换水外,其他管理和捕捞技术与鳖鱼混养技术相同。值得注意的是雨季应加强巡田和检查,特别是田埂由于没有池塘的埂堤坚固,更应做好防护措施。

四、家庭型养鳖模式与配套技术

养殖中华鳖不但可以搞高投入的大型工厂化养殖和室外池塘生态精养,也可以搞低投入的小型家庭养殖。据估算,如果养殖顺利,在 5 个月的养成期 1 只鳖可获纯利润 5～10 元,而且养殖可利用业余时间来进行。一般只要满足鳖生长所需的基本条件,我国广大城乡居民都可利用房前屋后、地头园旁,甚至楼顶阳台的空地进行改造用于养鳖。

(一)庭院养鳖技术

1. 基本设施建造 养殖用水同样要求无害清爽,符合国家标准。养殖池中既要有水又要有供晒背需要的晒背台。池深要求 80 厘米,水深为 60 厘米,池墙可用砖砌好后用水泥抹面,以免漏水。墙顶四周要求设"7"字形的防逃墙。池底要求也用水泥打底,并呈 2%的坡度,最低处设一排水口。进水口或管道可根据养殖数量和水源的具体位置灵活设置。晒背台可用木架、竹帘或木板、塑料板制成,置于鳖池中的向阳处,其大小可根据养殖数量自行确定。安装时底部没入水中 5 厘米,露出水面部分要求不低于 50 厘米。饲料台可用木板呈30°斜坡置于池墙一侧,底部可没入水下 4 厘米处,便于鳖爬上摄食。池底在放养前要求铺上 30 厘米厚、颗粒细度为 0.6厘米的细沙,然后池中注入 60 厘米深的水待放养。

2. 鳖种放养 庭院养鳖最适合采用春放秋捕的模式。放养的个体规格要求在 200 克左右,放养时间在每年春季 5月末至 6 月初,且室外水温达到 20℃以上时,放养密度为每平方米 3～5 只。鳖种质量要求无病无伤、活动自如,放养时鳖体用 3%盐水浸洗消毒 10 分钟,放养时要求用光滑的塑料盆装鳖并轻贴水面任其自行爬出,切勿悬空倒鳖,以免落池时互相乱撞损伤鳖体。

3. 养殖管理 投喂的饲料可用市售的鳖人工配合饲料,要求每日按鳖体重的 3%～4%投喂。由于气候影响,鳖的摄食量会有变化,可视前餐摄食情况灵活掌握。通常每日投喂2 次,上午 7 时投喂全天投喂量的 40%,下午 6 时投喂全天投喂量的 60%。喂前要求把饲料台中的残饵清出,并将饲料台擦净,然后将饲料均匀撒于饲料台上即可。注意不要直接投喂未经加工的动物内脏和小鱼、小虾等。

4. 疾病防治 做好疾病防治工作是提高养殖成活率和商品鳖质量的关键,所以应特别引起重视。除应做好鳖体下池前的消毒外,还应做好以下几点:一是定期投喂防病药饵。防病药饵最好以中草药为主,西药为辅,这样不但效果好,而且成本低,副作用少,不易产生抗药性。可于每月上旬 1～6 日投喂 6 天,中下旬的 15～20 日再投喂 6 天。另外,结合每立方米水体用 2 克漂白粉化水泼洒,每 10 天使用 1 次,防病效果也较好。二是管理好水质。一般人工养鳖由于密度高,加之投喂蛋白质含量较高的人工配合饲料,鳖的排泄物也较多,极易污染水质。故当水色发暗,呈褐色或黑色时,应及时换水。鳖喜欢在微碱性的水体中生活,所以当水质 pH 值低于 7 时,可用生石灰化水后全池泼洒,使 pH 值保持在 7～8。城市居民用自来水养殖时应注意自来水中漂白粉的浓度,如太高则不能使用,应设法将浓度调低后再用。工业污染过重的河水不能用来养鳖。三是利用生物调节水质,创造良好的养殖环境。水面可养些漂浮的水草,如水葫芦等,但面积最好不要超过总水面积的 1/4。四是尽量减少惊扰。鳖最怕突然惊扰,所以除管理需要外,尽量减少观察走动的次数。发现病鳖应及时捞出隔离治疗。

5. 捕捞 庭院养鳖因其规模小、距离近,所以一般采用现捕现卖、不卖不捕的方式。冬季应注意防冻保温,方法是把池水放干,在上面铺 20 厘米厚的干稻草即可。平时应经常检查鳖的情况,如发现敌害应及时清除。

(二)楼顶养鳖技术

利用楼顶的空闲场地养鳖,不但可以增加居民经济收入,一些身体较好的退休老人还可以通过养鳖丰富退休生活。

1. 楼顶养鳖的基本条件

(1)楼顶要牢固　楼顶必须十分坚固,最好在楼顶建池前找有关部门进行实地勘测,以免以后在养殖过程中发生事故。

(2)有充足的水源　因养鳖需要较多的水,所以在进行养殖前既要考虑水源、水量是否可靠稳定,又要考虑用水成本。

(3)注、排水方便　养鳖离不开水体的交换,所以注、排水设施十分重要。如是住宅楼,应考虑养鳖对居民生活的影响,特别是不能影响居民的日常用水。

(4)上下出入方便　在养殖过程中,经常需要运送工具和饲料等,而且养殖人员也需每天到现场管理,所以上下进出的通道一定要方便,否则就会影响养殖过程中的管理。

(5)气候不能太寒冷　楼顶养鳖,一般要求在冬季也不结冰的气候条件,所以北方太寒冷的地区不适合搞楼顶养鳖。

2. 鳖池的建造　楼顶养鳖的鳖池,一般为砖砌池墙、水泥抹面的结构,并根据楼顶的面积大小和平面结构不同,分为双列式和单列式 2 种(图 2-7,图 2-8)。其中单池长 6 米,宽 5 米,面积为 30 平方米。池深 50 厘米,水深 40 厘米。

3. 放养前的准备工作　楼顶养鳖以采用养殖周期较短的春放秋捕方式为好,所以放养鳖种的个体规格以不小于 300 克为宜。放养前应将鳖池彻底洗净,然后在阳光下暴晒几天,设置好池中的饲料台和增氧泵等养殖设施后,即可注水放养。

4. 鳖种放养　放养密度为每平方米 4 只,放养前鳖体用 3％盐水浸泡 10 分钟消毒,放养时把消过毒的鳖种贴着水面轻轻倒入水中即可。

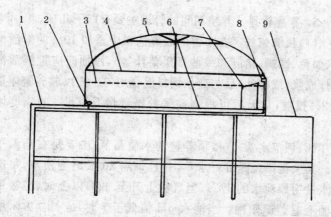

图 2-7 单列式鳖池

1.排水管 2.吸污器 3.水位线 4.池墙
5.采光棚顶 6.池底 7.饲料台 8.进水管 9.楼顶

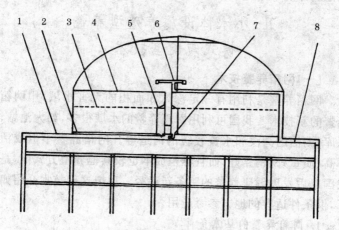

图 2-8 双列式鳖池

1.排水管 2.池底 3.水位线 4.池墙 5.饲料台
6.进水管 7.排水口 8.楼顶

5. 养殖管理 养殖期间的管理主要有以下几项。

(1)投喂饲料 在市售的成鳖饲料中添加10%的鲜活饲料(如鱼、螺蛳、猪肝和一些瓜果菜汁等),添加时应把鲜活饲料打成浆(或榨汁)后与商品饲料混合均匀。先以放养鳖体重的2%投喂,几天后可根据前餐的摄食情况以5%的幅度增减。

(2)调节水质 楼顶养鳖的水质调节,主要是在高温季节。其关键措施是养好水草,并且每隔20天适当换水,每次换水量为原池水的1/2。当气温上升至32℃以上时,应在采光棚上遮盖遮阳网。当池水pH值低于7时,应每立方米用25克生石灰化水泼洒,予以调节。

6. 捕捞 楼顶养鳖一般采用现捕现卖的方式,捕完后应把池底冲洗干净并晒干。

五、小水体设施养殖型养鳖
模式与配套技术

(一)网箱养鳖技术

网箱养鳖是利用有一定深度和面积的无害水域,用网箱养鳖的新技术。我国可利用网箱养鳖的水域很多,如大池塘、水库、湖泊的湾汊和水流较缓的河道等。网箱养鳖不但成活率高、质量好、销路好,而且养殖成本也较其他养殖方式低,是我国以后发展健康养鳖的一条新途径。现把这项技术介绍如下,供条件适宜的地方参考应用。

1. 网箱养鳖的基本条件

第一,水质无污染。

第二,水深在2米以上。

第三,没有太大的风浪侵袭。

第四,周边环境较为安静。

第五,无过多的敌害生物。

第六,交通便利。

第七,全年水温在25℃以上的时间超过100天。

2. 网箱设置

(1)围栏网的设置　除池塘外,在其他水域用网箱养鳖,必须先设好围栏网。即在养鳖网箱的外周围一圈栅网,面积应达到实际养殖网箱面积的150%。设置围栏网的目的是为了挡住杂物和一些敌害,也是为了挡住风浪,便于管理。围栏网的材料可用木杆、竹竿、铁丝网片或粗线聚乙烯网等。不管用何种材料,均要求牢固、耐用,并保证水流畅通,故要求栅(网)目不得小于5厘米。

(2)养殖网箱的设置　养殖网箱可用聚乙烯无节网片根据要求缝制而成,要求网目为0.5厘米,网箱高为1.5米(其中没于水下80厘米,露出水面70厘米),长为5米,宽为4米。网箱在水面呈"品"字形交叉布置,箱距3米,行距5米。布置时先量好布置网箱的水面积,然后在养殖区域四角各打1根大木桩(也可用钢筋水泥柱),作为主要固箱桩,再把制好的网箱从底至口按布置高度用绳固定在桩上。网箱布好后再在固定桩内每1米打一个间桩,打好后再在上口的桩上绑一圈木杆,为牢固,在贴水面处的桩上也绑一圈小杆,都绑好后把网片用绳固定在上圈和下圈的围杆上即可(图2-9)。

3. 其他设施的布置　其他设施主要是饲料台与晒背台。饲料台可用水泥瓦或质地较好的木板制成,设置方法是在网箱中横向架2根木杆,间距0.5米,然后把饲料台架在木杆上即可,饲料台要没入水面3厘米。晒背台可设在饲料台中间,做法和常规晒背台一样,但面积不要超过单箱面积的1/5。

此外,若是较大的网箱,还可在饲料台的一端养些水葫芦以净化水质,但面积以不超过单箱面积的 1/10 为宜。上述设施布置好后即可盖上顶网准备放养。

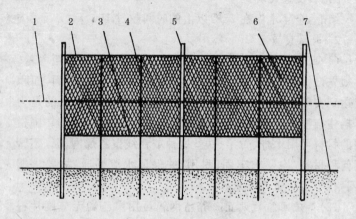

图 2-9　网箱布置断面示意

1. 水面　2. 上围杆　3. 下围杆　4. 间桩　5. 固箱桩　6. 网箱　7. 池底

4. 种苗放养

(1)放养密度　若是在大池塘中用小网箱暂养鳖苗,并且养殖时间不超过 2 个月的,放养密度为每平方米 50 只;若是在湖泊、水库湾汊设网箱组养殖成鳖的,以每平方米不超过 8 只为宜。

(2)种苗质量　由于网箱养鳖是在自然环境中养殖,受气候与水环境变化的影响较大,所以放养的种苗质量一定要好,不但要求无病无伤,还应规格整齐,品种最好是能适应当地气候条件的中华鳖,其中养殖成鳖最好的个体规格为 250克以上的优质鳖种。

(3)苗种消毒　若是放养 3～4 克的鳖苗,放养前可用市售的 1% 龙胆紫配制成 2% 的水溶液浸泡 2～3 分钟进行鳖体消毒；若是放养 250 克左右的鳖种，可用 0.01％高锰酸钾溶液浸泡 2 分钟。消毒后连药水一起轻贴水面任其自行游走即可。

（4）开食　放养后应立刻在饲料台上撒上适宜放养种苗摄食的配合颗粒饲料，使鳖尽快养成到饲料台吃食的习惯。

5. 养殖管理

（1）投喂饲料　最初投喂时，应在市售商品饲料中给稚鳖添加 0.5％的熟鸡蛋黄或新鲜水藻，15 天后逐渐过渡为全部投喂市售商品饲料。对成鳖可在商品饲料中添加 2％的鱼油和 5％的新鲜菜汁。投喂量应以在 1 小时内吃光为标准，以免残饵引来其他小杂鱼。每日投喂 3～4 次，时间可根据具体天气情况而定，每次应将饲料投在设好的饲料台上。

（2）洗刷网箱　由于鳖的排泄物和其他水生生物的黏结，网箱的网眼会逐步被糊死，影响水体的流通，使网箱内的水环境恶化。因此，定期洗刷网箱十分重要。也可用 0.000 1％硫酸铜溶液泼洒网箱，以杀死附着在网片上的藻类生物。

（3）巡塘　每日早、中、晚各巡塘 1 次，一般都在投喂前进行，主要是检查网箱完好情况、有无敌害进入、鳖的活动情况和摄食情况、箱内水质变化情况等，并做好巡塘记录，如发现问题应及时处理。

（4）疾病防治　为防止疾病发生，平时可在饲料中添加一些中草药粉，如金银花、仙鹤草、大青叶、败酱草等。添加的药粉要求用 80 目筛筛过，添加量为干饲料量的 1％～1.5％，每月投喂 10～12 天。也可在池中定期泼洒消毒剂，如二氧化氯等。发现疾病应及时请有关专家确诊后对症治疗，切忌盲目乱用、滥用药物。

6. 捕捞　网箱养鳖的捕捞，如是间捕，可用捞海进行；如是彻底清捕,可先把箱中的饲料台、晒背台和草栏拆除,然后解开固定箱身的绳索,再托起箱底打开盖网的一角把鳖倒至网袋中即可。

(二)河道拦网养鳖技术

1. 河道拦网养鳖的优点 河道拦网养鳖是利用河道良好的流水环境,通过人工拦网圈养鳖的新技术,其优点是不占用土地,节约水电成本,并且由于河道是野生环境,养出的商品鳖售价很高,具有低投入、高产出的优点。

2. 养鳖河道的必要条件 河道拦网养鳖须具备以下条件:一是河水无任何工业污染,水流畅通常年有水,不作为航道进行河运活动。二是河堤牢固无塌坡,并有 3∶1 的坡度,水深在 1～2 米,底质不复杂。三是河道周围环境幽静,机动车辆较少经过,全年水温在 25℃ 以上的时间不少于 100 天。

3. 河道的整改和拦网

一是清除底质。除新河道外,旧河道应排干河水,清除河底的一切碎石杂物,以免鳖在钻底时擦伤鳖体,有条件的地方最好清除河底淤泥。

二是设置拦网。根据需要面积进行拦网。拦网分为 3 层,第一层为拦杂网,一般可用竹箔拦栅式,要求特别牢固,网目或栅目通常在 3～5 厘米,设在河道两端的最外层,目的是为了拦截树枝杂草等杂物。固定拦网和竹箔时要用粗壮的竹竿和木桩,网高以超出洪水期最高水位 30 厘米为宜。第二层为防逃网,一般用 3×6 粗、网目为 2～3 厘米的聚乙烯网即可,拦时也可用木桩或竹桩固定,要求设在距第一层网 2 米处。第三层为间隔网,可用 3×4 粗、网目为 1 厘米的聚乙烯网,也用木桩固定,网要高出水面 30 厘米。以上三层网的网底可用石块或铁杆等重物压严。

三是建好河岸坡的防逃设施。可用石棉瓦或竹帘横放于河岸坡上,主要目的是为了防逃和防盗,要求坚实牢固。

四是搭建饲料台与晒背台。饲料台可用水泥瓦放置在河岸坡上,距离水面 5 厘米,不能放入水中,以免杂鱼抢食。饲料台一般每隔 5～6 米设置 1 个,其上应用油毡纸制作 1 个挡雨棚,以免风吹雨淋导致饲料变质。饲料台一般设在河岸坡的中间,两端则设晒背台,晒背台用木板依坡铺上即可。应注意的是,饲料台和晒背台都应设在向阳背风的一面,饲料台的位置,可按水位涨落灵活调整。

4. 鳖种放养 放养的鳖种,要求无病无伤,规格整齐,个体规格在 350 克以上,最好是在室外环境条件下培养的优质鳖种。放养密度可以根据河道的具体情况而定,一般以每平方米 2 只为宜。放养前要求用 3% 盐水浸泡消毒 10 分钟。放养时可将鳖种放在饲料台上任其自行爬入水中,放养后立刻在饲料台上放些配合饲料与动物性饲料各半的饲料团进行诱食。

5. 养殖管理

(1)投喂饲料 由于河道中有一些天然饲料可作为补充饲料,所以投喂应在"四定"的基础上每日分 3 次投放饲料,第一次在早上 5 时,第二次在中午 11 时,第三次在晚上 8 时。为了提防敌害偷食,投喂的饲料应制成团状,每次投放的饲料量应根据前餐摄食的情况以 5% 的幅度灵活增减。

(2)加强巡塘 河道养殖一般不存在水质败坏的现象,只要放养的鳖种质量好,大多不会发生疾病,但防逃、防盗、防敌害是河道养鳖的关键。巡塘时一旦发现蛇洞、鼠洞,应及时清除和堵塞。巡塘时间一般可在投喂前,即早上 5 时、上午 9 时和晚上 6 时。巡塘时发现拦栅、拦网有破损应马上修补好,另外还应及时捞取各道拦网、拦栅上的杂物,以利于水的流通和减轻拦网的压力。有条件的地方可在河道旁建一管理房,以便观察河道的养鳖情况。

6. 捕捞 河道捕捞较困难,一般要求放干河道水清底捕捞,所以捕捞时间一般定在农田不用水的枯水期。捞出的鳖一时销售不完可在河道中设一网箱暂养。此外,也可采用倒须笼诱捕,效果也较好。

第三章　节约型养鳖的疾病防治

一、常用药物

(一)常用西药

1. 生石灰　又称氧化钙,是淡水养殖中使用方便、效果良好且价格低廉的环境消毒药。其在鳖病防治中主要发挥以下 2 种作用:一是生石灰在遇水生成氢氧化钙的过程中,会使水温突然升高,使一些病原菌在高温中死亡。同时,生石灰分解后能迅速提高池水的 pH 值,当 pH 值达到 11 以上时,可起到直接杀死病原体的作用。二是生石灰有改善水质、为养殖水体提供营养元素的作用。

使用方法:清塘时可按每平方米 0.5～1 千克的用量,将生石灰粉碎成小块后遍撒,然后放水 10～15 厘米,任其分解,翌日再用铁耙将池底耙一遍,以充分发挥生石灰的消毒作用;调节水质时可将生石灰化水后全池泼洒,用量要视池水 pH 值情况而定。

2. 三氯异氢尿酸　为白色结晶粉末,含 85% 的有效氯,遇酸或碱易分解,是一种极强的氯化剂和氧化剂。本品对细菌、病毒、真菌、芽孢和一些虫卵有杀灭作用,是一种高效、广谱、安全的消毒药物,多应用于环境和用具等的消毒。

使用方法:配成 0.04% 浓度的水溶液,用于环境和用具消毒;按 0.000 5%～0.001% 的浓度进行带水清塘;预防室外养殖池塘养殖期的鳖类疾病,可按 0.3～0.4 毫克/升浓度全池泼洒。

3. 二氧化氯合剂　本品无色、无臭、无味,是一种强消毒剂,主要用来进行环境消毒和池水消毒。

使用方法:目前二氧化氯制品较多,且各种制品的特性有很大差异,使用时应严格按照所购产品的说明书应用。

4. 氯化钠(食盐)　是鱼类常用的体表消毒药,具有成本低、使用方便、易购买、无副作用的优点。

使用方法:对鳖体表消毒要严格控制浓度与消毒时间。通常体重在 3～5 克的鳖苗消毒浓度为 1‰～2‰,体重在 200 克左右的鳖种消毒浓度为 3‰～4‰,亲鳖用 5‰的浓度。消毒时间均为 10 分钟。

5. 碘伏　是碘与表面活性剂的不定型结合物,能在维持有效浓度的时间内杀死细菌、真菌和病毒。可用于环境、水体、用具等的消毒,具有无异味、刺激性小、稳定性好,对人和养殖对象毒性较低、无过敏反应等优点。

使用方法:碘伏用于室内环境喷洒消毒的浓度为 0.0025%;如用于水体消毒,一般每立方米水体使用 8～10 克,10 分钟即可达到消毒目的。

6. 硫醚沙星　是一种可替代孔雀石绿的抗真菌药物,对水霉、毛霉等真菌有较好的杀灭作用,对嗜水气单胞菌、爱德华氏菌也有一定的杀灭作用,因此对鳖的真菌感染性疾病有较好的防治作用。

使用方法:按产品说明书规定剂量使用。

7. 高锰酸钾　具有抗细菌和抗真菌的作用,具有易购买、使用方便、副作用较小的优点。主要应用于皮肤和黏膜的消毒,也可用于一些鲜活饲料的消毒。影响高锰酸钾消毒效果的主要因素为有机物、碘化物和还原剂,在消毒环境中,若有机物浓度越高,则高锰酸钾的消毒效果越差;而碘化物和还原剂则可使高锰酸钾失去杀菌能力。此外,温度对高锰酸钾的影响也较明显。一般温度越高,作用越强。

使用方法:在鳖病防治中,高锰酸钾可作为鳖种、亲鳖的体表消毒药,应用浓度为0.01%,使用时间视温度情况而定,通常为1~2分钟;也可用于治疗体重在50克以上鳖种的水霉病,使用时先把原池水换成10厘米深的净水,然后按每立方米水体20克的用量化水后全池泼洒,10分钟后将水注至标准水位。也可把病鳖捞出用同样浓度的药液浸泡10分钟后再放回原池中。值得注意的是,即使是低浓度的高锰酸钾溶液也不可用于体重在3~5克的鳖苗的消毒,因为高锰酸钾易氧化破坏鳖苗体表的保护膜,从而使鳖苗易感染真菌病而死亡。

8. 硫酸铜(石胆) 是一种防治寄生虫病的重金属盐类。在水体中,影响硫酸铜效果的因素很多,主要包括以下几点:一是温度。通常温度越高,其毒性越大。二是pH值,越偏碱性越影响其效果。三是有机物的浓度,浓度越大,其作用效果越差。

使用方法:浸泡鳖体除虫,用20℃温水配成0.0001%浓度液体浸泡鳖体3分钟;全池泼洒,在水温为20℃时每立方米水体用0.8克,低于20℃时每立方米水体用1克,25℃时每立方米水体用0.6克。

9. 敌百虫 是一种有机磷广谱杀虫剂,易溶于水,水溶液呈微碱性。本品对无神经结构的单细胞寄生虫几乎不起作用。

使用方法:在鳖病防治中,本品可用于杀死寄生在鳖体上的水蛭和线虫等。但因鳖对敌百虫也较敏感,所以尽量不用全池泼洒法,只用浸泡法。浸泡时应在工作人员监视下进行,一般在 0.5 毫克/升浓度的药液中浸泡 2 分钟,虫体即可脱落。另外,根据国家有关规定,本品在鳖产品上市前 28 天应停用。

10. 高铁酸锶 是近年来新研制出的新型强氧化消毒剂和杀虫药,主要用于养鳖水体和温室内的环境消毒,具体可根据产品说明书规定剂量使用。

11. 利巴韦林 是抗多种病毒的药物,为白色结晶性粉末,无臭,无味,溶于水,主要用于治疗和控制流感病毒、疱疹病毒以及呼吸道合胞病毒等。

使用方法:其对治疗鳖由病毒引起的感染如白底板病有较好的疗效,特别是与抗病毒的中草药合用,效果更佳。但利巴韦林在应用中只能内服,所以当鳖患严重白底板病,特别是发展到停食时,也就没有应用价值了。因此,本品用于预防,效果较好,用量按干饲料量的 0.1%～0.5% 混饲投喂,一般预防时连用 3 天,治疗时连用 5 天。

12. 吗啉胍 又称病毒灵,对多种 RNA 病毒和 DNA 病毒都有抑制作用。在水生动物的病害防治中可用于治疗由病毒感染引起的出血病。

13. 利福平 是一种抗革兰氏阴性菌的抗菌药物,为鲜红色或暗红色结晶粉末,无臭,无味,遇光易变质,水溶液易氧化。本品对革兰氏阴性杆菌的杀灭作用较强,如与抗革兰氏阳性菌的药物联合使用效果更佳。本品极易产生抗药性,故不应长期使用,一般使用 1 次后,最好停药 1 个月以上再使用。

使用方法:本品主要用于治疗鳖的体表疾病,如白点病、腐皮病、烂脚病、疖疮病等,通常用 0.0015% 浓度的药液浸泡10 分钟即可。如用泼洒法,每立方米水体使用 1 克即可。注意在使用泼洒法时,应先将原池水排去一半换上新水后再进行。利福平价格较贵,故在生产中应尽量少用。

14. 庆大霉素 是由小单孢菌所产生的一种广谱抗生素,对多种革兰氏阳性菌和革兰氏阴性菌都具有抗菌作用,故适用于各种球菌与杆菌引起的感染。在鳖病防治中,既可治疗外伤引起的感染,也可治疗化脓性炎症。若同青霉素、四环素类药物、磺胺类药物合用,常有协同增效作用。

使用方法:庆大霉素可肌注,也可内服。剂量可视鳖的病情灵活应用,也可参考产品说明书应用。但通常每千克体重使用剂量不得超过 20 万单位。值得注意的是,庆大霉素对肾功能有损害,且极易产生抗药性,故不宜长期和反复使用。

15. 氧氟沙星 为近年来广泛应用的化学合成类抗菌药物,对多种细菌有杀灭作用,如化脓性链球菌、绿脓杆菌、奇异变形杆菌、大肠杆菌、霍乱弧菌等。

使用方法:本品可用于治疗鳖的腐皮病、疖疮病、白点病和赤、白斑病。内服用量按干饲料量的 0.1%～0.2% 混饲投喂,5 天为 1 个疗程;如用浸泡法治疗腐皮病或白点病,可配制浓度为 0.001% 的药液浸泡 10 分钟;如用泼洒法,每立方米池水首次用药 1 克,第二次用药 0.5 克,化水后全池泼洒即可。泼洒前最好用生石灰按每立方米水体使用 20 克,这样有利于药物充分溶解。根据国家有关规定,本品在鳖产品上市前 28 天应停用。

16. 土霉素 为广谱抗菌药。主要用于治疗鳖的腐皮病、烂甲病和肿脖子病。

(二)常用中草药

中草药是鳖病防治中的主要药物之一,既有很强的药理作用,还含有很多营养物质,如多种维生素等。而且中草药在农村资源丰富,方便易得,可大大降低防治疾病的成本。现将常用且效果较好的中草药介绍如下,各地区可根据本地情况加以利用。

1. 大黄 为蓼科植物,主要分布于我国的西藏、甘肃、四川等地。大黄可促进动物的消化和吸收,增进食欲;具有收敛和修复创面的作用;可促进血液凝固,具有明显的止血作用;大黄煎剂具有较好的抗菌和抑菌作用,可治疗因金黄葡萄球菌、溶血性链球菌、大肠杆菌、痢疾杆菌等引起的疾病;对一些致病性真菌也有杀灭作用。另外,最近的研究报道表明,大黄有较好的抗病毒和抗肿瘤的作用。在鳖病防治中,大黄内服可防治鳖的赤、白板病和肠管出血病,外用可防治鳖的白点病、白斑病和腐皮病。

2. 黄连 为毛茛科植物,主要分布于我国的西北、西南、华东、华中、华南诸省。黄连煎剂中的活性成分如小蘖碱和黄连碱对革兰氏阳性菌和革兰氏阴性菌均有较强的抑制作用,对病毒、一些真菌和原虫也有较好的杀灭作用。另外,黄连煎剂中的小蘖碱还有明显的抗溃疡作用。在鳖病防治中,黄连可用于治疗消化道疾病和痈肿、腐皮等体表疾病。但黄连在内服时因味道较苦,如添加比例过高会影响鳖的摄食,故以不超过当日干饲料量的 0.5% 为宜。

3. 白芍 为毛茛科植物,主产于我国的浙江省(杭白芍)、安徽省(亳白芍)和四川省(川白芍),河南、贵州等地也有栽培。白芍煎剂对革兰氏阳性菌和革兰氏阴性菌均有较强的抑制作用,对病毒和致病性真菌也有较好的抑制作用。芍药苷对消化道溃疡具有明显的保护作用。此外,芍药还能增强巨噬细胞的吞噬能力。在鳖病防治中,可用于治疗鳖的肠管疾病和肝脏疾病,对产后的亲鳖使用,具有理肝调血的作用。

4. 牡丹皮 毛莨科植物,我国黄河中下游诸省均有栽培。牡丹根皮中的丹皮酚具有抗应激作用。牡丹皮煎剂还有较好的抗菌作用,特别是对痢疾杆菌、伤寒杆菌、霍乱弧菌、变形杆菌、绿脓杆菌、肺炎球菌都有较强的抑制作用。此外,对常见的皮肤性真菌也有较强的杀灭作用。在鳖病防治中,外用可防治鳖苗阶段的白斑病和白点病,内服可防治肝脏疾病和白底板病。在进行分养、运输和放养前投喂 5 天,可起到抗应激、防损伤的作用。

5. 黄柏 为芸香科植物,主要分布于我国的西北、西南、华北、华中、东北等地区。黄柏水煎剂有较强的抗菌作用,对霍乱弧菌、伤寒杆菌、大肠杆菌有杀灭作用。对一些真菌也有抑制作用。黄柏所含的小蘗碱还能增强白细胞的吞噬能力,起到提高动物体抗病能力的作用,并且对血小板有保护作用,使其不易破碎。此外,小蘗碱还有减轻创面充血的作用。在鳖病防治中,黄柏外用可防治鳖的疥疮病和腐皮病,内服可防治肠管疾病。

6. 黄芩 为唇形科植物,主要分布于我国的华北、东北、西北和西南等地区。黄芩煎剂对甲型链球菌、肺炎球菌、霍乱弧菌、痢疾杆菌、绿脓杆菌以及一些病毒均有较强的抑制作用,还可起到镇静作用。此外,研究表明,黄芩还有保肝利胆的作用。在鳖病防治中,黄芩外用可防治体表感染的各种皮肤病,内服可防治肝胆疾病、病毒病和各种细菌感染性疾病。由于黄芩味极苦,且木质素和粗纤维含量较高,故体重 50 克以内的鳖苗不宜内服。

7. 黄芪 为豆科植物,主要分布于我国的东北、西北和华北等地区。黄芪能加强正常心脏收缩,对衰竭的心脏有强心作用。黄芪煎剂对多种病原体有较好的抑制作用,如志贺氏痢疾杆菌、甲型溶血性链球菌、肺炎双球菌、枯草杆菌等。黄芪中的多糖具有提高机体免疫力和增强体质的作用。在鳖病防治中可用于亲鳖产后的补养和治疗成鳖阶段的细菌感染性疾病。

8. 甘草 为豆科植物,主要分布于我国的东北、西北、华北等地区。甘草可加强肝脏的解毒功能,能使肝脏的损伤和变性坏死明显减轻,并能使肝细胞内蓄积的肝糖原和核糖核酸含量恢复或接近正常,血清谷丙转氨酶活力显著下降。甘草中的甘草次酸对癌细胞有较强的抑制作用。此外,甘草还有较好的抗菌和保护消化道黏膜的作用。在鳖病防治中可用来防治肝脏疾病。

9. 五倍子 为漆树科植物盐肤木、青麸杨、红麸杨叶上的囊状虫瘿,主要分布于我国的西北、西南、华东、华南诸省,其中以贵州省产量最大。五倍子中的鞣酸能使皮肤、黏膜溃疡等局部组织的蛋白质凝固,呈收敛作用,且能加速血液凝固而起到止血作用。五倍子中的鞣酸能沉淀生物碱,故对生物碱中毒有解毒作用。五倍子煎剂具有较好的抑菌作用,可抑制金黄色葡萄球菌、溶血性链球菌和绿脓杆菌等。在鳖病防治中可用于防治鳖苗阶段的白点病和白斑病。因五倍子中的水解性鞣质对肝脏有很强的损害作用,故尽量不要内服。

10. 七叶一枝花 为百合科植物,主要分布于我国的西南、华南等地,目前我国多有人工栽培。其煎剂对痢疾杆菌、金黄色葡萄球菌、绿脓杆菌、沙门氏菌等有较强的抑制作用。在鳖病防治中,主要用于治疗鳖的疖疮病和白点病。

11. 板蓝根 为十字花科植物,主要分布于我国东北、西北和华北诸省,河北省安国县和江苏省南通市栽培较多。板蓝根煎剂有较好的抗病毒作用,特别是对感冒病毒有较好的作用,对枯草杆菌、大肠杆菌、伤寒杆菌等均有较好的抑制作用。在鳖病防治应用中,主要用于防治鳖的赤、白板病。

12. 连翘 为木樨科植物,主要分布于我国的西北、华北、华中和华东地区。连翘煎剂对金黄色葡萄球菌、志贺氏痢疾杆菌、伤寒杆菌、肺炎双球菌等具有较好的抑制作用,能明显减轻四氯化碳导致的动物肝脏损伤,并使肝细胞内蓄积的肝糖原以及核糖核酸含量恢复正常,血清谷丙转氨酶活力明显下降。在鳖病防治中可用来防治鳖的脂肪肝和肝脏疾病。此外,也可与其他中药配合外用,防治鳖的白点病。

13. 金银花 为忍冬科植物,我国各地均有分布,现多为人工栽培,并以河南、山东等省产量最多。金银花水浸剂对金黄色葡萄球菌、绿脓杆菌、变形杆菌、溶血性链球菌等有较好的抑制作用。金银花中的有效成分对感冒病毒和单纯疱疹病毒等也有抑制作用。金银花中所含的绿原酸可增进胆汁分泌和促进肝细胞再生,故呈现保肝利胆的作用。此外,金银花煎剂有降低血中胆固醇水平和阻止胆固醇在肠管内吸收的作用。金银花中的绿原酸和咖啡酸有显著的止血作用。金银花在鳖病防治中,内服可防治鳖的赤、白板病。需注意的是,金银花有抗生育作用,故应用于亲鳖时应慎重。

14. 刺五加 为五加科植物,主要分布于我国华东、华中、西南诸省。刺五加煎剂对大肠杆菌、葡萄球菌等有较好的抑制作用。刺五加中的某些有效成分有抗应激作用,还有促进雄性动物性兴奋和性早熟的作用。在鳖的放养、分养以及运输等操作环节中可起到抗应激、抗疲劳的作用。此药平时不能长期使用和过量使用,否则会诱导雄性鳖早熟。

15. 三七 为五加科植物,主要分布于我国广西、云南等省、自治区。现江西、湖北、湖南等省已有人工栽培。三七的煎剂主要具有止血作用,能明显增加血小板数量和缩短凝血时间。在鳖病防治中主要用于防治鳖的赤、白板病和各种出血症。

16. 山楂 为蔷薇科植物,主要分布于我国东北、华北、西北、华东诸省。山楂能促进胃中消化酶的分泌,促进消化,特别是能促进脂类食物的消化。山楂对痢疾杆菌、绿脓杆菌等有较好的抑制作用。在养鳖生产中主要作为一种促进消化吸收的中药添加剂,特别是用于成鳖养殖阶段,对促进生长有很好的作用。

17. 马齿苋 别名马蛇菜、长寿菜、酱瓣苋、猪母菜等,为马齿苋科草本植物,我国各地均有分布。研究表明,马齿苋中富含的维生素 A 样物质能促进受损上皮细胞生理功能趋于正常,并能促进溃疡的愈合。马齿苋中的有效化学成分有很强的抗细菌和抗皮肤真菌作用,此外还有较好的止血和促进肠管蠕动的作用。在鳖的养殖生产中,马齿苋不但是鳖的良好饲料,也是预防鳖腐皮病、肠炎等的良好药材。

18. 荠菜 别名粽子菜、荠荠菜、地菜等,为十字花科植物,我国各地均有分布。荠菜中的化学成分荠菜酸有明显的止血作用,可缩短动物凝血时间。荠菜还有修复消化道炎症溃疡面的作用,并能加快糜烂性溃疡的愈合。实践证明,荠菜对预防鳖的出血性肠炎有较好的效果。

19. 败酱草 别名黄花败酱、龙芽败酱、黄花龙芽等,为败酱科植物,主要分布于我国东北、华北、华东、华中、华南和西南的一些省份。败酱草有促进动物肝细胞再生,改善肝功能的作用,其浸出液还有较强的抗菌作用,特别是对金黄色葡萄球菌、福氏痢疾杆菌、伤寒杆菌、绿脓杆菌、大肠杆菌有抑制和杀灭作用。在鳖的疾病防治中,败酱草外用可防治鳖的白点病、腐皮病和疖疮病,内服可防治鳖的肝脏疾病和出血症。

20. 鱼腥草 别名侧耳草、猪鼻孔、鱼鳞草,为三白草科植物,分布于我国江南和西藏等地。鱼腥草干品煎剂和鲜草对溶血性链球菌、肺炎球菌、大肠杆菌、伤寒杆菌等均有较强的抑制作用。鱼腥草挥发油对真菌也有较好的抑制作用。此外,鱼腥草中的有效成分还有提高机体免疫力和止血的作用。在鳖病防治中,鱼腥草外用可防治鳖的白点病、白斑病、腐皮病、疖疮病和水霉病,内服可防治鳖的肠炎和出血症。鱼腥草在内服时应控制用量,否则会引发肠管不适反应而影响摄食;稚鳖和鳖苗阶段尽量不要内服。

21. 穿心莲 别名一见喜、苦胆草、四方草等,为爵床科植物,全国各地均有分布。穿心莲煎剂对多种革兰氏阳性菌和革兰氏阴性菌有较强的抑制作用,还有促进白细胞吞食细菌的作用。在鳖病防治中,可用于治疗鳖苗、鳖种培育阶段常发的白斑病、白点病和白眼病,也可用于防治鳖的赤、白板病和肠炎。穿心莲味道极苦,建议体重在30克以内的鳖苗尽量不单用该草内服,以免影响食欲。

22. 蒲公英 别名婆婆丁、黄花地丁,为菊科植物,全国各地均有分布。蒲公英的水煎剂对多种病原菌有较强的抑制作用,对常见致病性皮肤真菌也有较强的抑制作用。蒲公英的水浸剂有很好的利胆作用,最近的研究报道表明,蒲公英还有较好的抗癌作用。在鳖的疾病防治中,蒲公英主要用于防治鳖的腐皮病、水霉病、疖疮病以及肝脏疾病。

23. 地锦草 别名血见愁、铺地红,为大戟科植物,全国各地均有分布。地锦草煎剂有较好的抗菌和止血作用。此外,地锦草中的有效成分还有中和毒物的作用。在鳖病防治中,地锦草内服可防治各种出血症和肠炎,外用可防治鳖的腐皮病、白点病和疖疮病。

24. 铁苋菜 别名野麻菜、叶里含珠,为大戟科植物,全国各地均有分布。铁苋菜煎剂有较强的抗菌作用,特别是对金黄色葡萄球菌、变形杆菌、绿脓杆菌、伤寒杆菌、痢疾杆菌有较好的抑制作用。此外,铁苋菜还有较好的止血作用。在鳖病防治中,铁苋菜外用可防治鳖的疖疮病和白点病,内服可预防鳖的肠出血症和赤、白板病。

25. 仙鹤草 别名龙芽草、脱力草、狼牙草等,为蔷薇科植物,全国各地均有分布。仙鹤草煎剂具有较强的抗菌作用,还有调整心率和增强细胞抵抗力的补养作用。在鳖病防治中,仙鹤草外用可治疗鳖在放养、分养等操作后的体表出血和细菌感染,内服可预防鳖的肠出血症、腐皮病和赤、白板病等。

26. 辣蓼草 为蓼科植物,主要分布于我国东北、华东和华南等地。辣蓼草煎剂对变形杆菌、绿脓杆菌、痢疾杆菌、伤寒杆菌等具有较好的抑制作用,辣蓼草中的含苷类化学成分有加速血液凝固的作用,辣蓼草粉还有促进消化道蠕动,从而增强消化功能的作用。在鳖病防治中,辣蓼草可用于防治鳖的出血性肠炎和消化不良。

(三)生物制剂

生物制剂即目前市场上销售的益生菌制剂,基本可分为三大类:一是以调节水环境为主的生物制剂,如光和细菌等。二是以改善体内消化系统功能为主的生物制剂,如 EM 菌等。三是直接针对病原菌的生物制剂,如噬菌蛭弧菌等。随着今后研究的深入和制剂产品的成熟,生物制剂将是今后鳖病防治中应用的主攻方向。

(四)养鳖生产中的禁用药物

根据《无公害食品 渔用药物使用准则》(NY 5071-2002)的规定,以下渔药禁用:地虫硫磷、六六六、林丹、毒杀芬、滴滴涕、甘汞、硝酸亚汞、醋酸汞、呋喃丹、杀虫脒、双甲脒、氟氯氰菊酯、五氯酚钠、孔雀石绿、锥虫胂胺、酒石酸锑钾、磺胺噻唑、磺胺脒、呋喃西林、呋喃唑酮、呋喃那斯、氯霉素、红霉素、杆菌肽锌、泰乐菌素、环丙沙星、阿伏帕星、喹乙醇、速达肥、己烯雌酚、甲基睾丸酮。

二、常见疾病的诊断与防治技术

(一)腐皮病

鳖腐皮病是一种由于条件致病菌感染而引起的病害,包括真菌性腐皮病和细菌性腐皮病。

1. 真菌性腐皮病 大多为毛霉、水霉、肤霉、绵霉等水生真菌感染鳖的伤口所致,如常见的白斑病等。

(1)流行特点与发病原因 本病一年四季均可发生,而以春季居多。死亡率较高,严重影响鳖的生长和商品价值。

(2)症状 鳖苗的裙边、颈部、腿部与颈部在水下观察可见白色絮状斑块,在春秋季外塘养殖发病时可在病鳖颈部、腿部见到呈白色或灰白色的簇团状絮丝。鳖发病后起初行动迟缓,但还能摄食,以后逐渐严重以至停食。有的漂在池角水面,有的趴在饲料台上不愿活动,最后大多并发其他疾病而死亡。

(3)预防措施

一是在养殖过程中应尽量减少鳖体表的损伤,对鳖要轻拿轻放并带水操作。

二是放养前需用盐水进行体表浸泡消毒,一般稚鳖、鳖苗阶段用 2％浓度,鳖种、成鳖阶段用 3％浓度,浸泡 5～10 分钟,效果较好。也可用市售的碘制剂按产品说明书应用。

三是调节好养殖水温,由于真菌的最适生长水温为18℃～26℃,所以在工厂化养殖环境中可把水温调至 28℃以上,这样不但利于鳖的活动和摄食,也能抑制真菌的生长。

四是调肥池水,使水的透明度在 20 厘米左右。因真菌易在较清澈的池水中生长,所以调肥池水能抑制真菌的生长。应倡导鳖苗、鳖种肥水下塘,这也是预防真菌病发生的一种措施。

(4)治疗措施 本病发生后,应及时治疗控制。如是保温棚养殖,可先放低水位,仅余没过鳖体背高度的池水即可,然后用高锰酸钾按每立方米水体使用 20 克,进行化水全池泼洒,1 小时后再将池水补至标准水位。也可按艾叶 10％、石菖蒲 10％、五倍子 40％、羊蹄根 20％、乌梅 20％的比例,以每立方米水体首次使用 40 克、第二次使用 30 克、第三次使用 25克的用量,煎汁泼洒,每隔 3 日使用 1 次,如第一次用药后效果明显,则不必再用药。如是在外塘养殖,则可用市售的水霉净等药物按说明书中的使用方法进行治疗。

2. 细菌性腐皮病 多因鳖体表损伤或环境恶化以及寄生虫侵袭后感染嗜水气单胞菌、假单胞杆菌、爱德华氏菌等革兰氏阴性菌所致,常见的白点病、烂爪病、白眼病等均属此类。

(1)流行特点与发病原因 本病一年四季均可流行,而以春季居多。多发生在水质过肥、淤泥太厚而又无防病措施的池塘。随着养殖密度的逐步增加和水质变坏,发病率也逐步增加,严重影响鳖的生长和商品价值。

(2)症状 患病苗种体表和脚爪有大量点状黄白色渗出物,有的鳖苗可见眼睛红肿、眼珠和鼻端发白等。养成阶段的病鳖则多出现烂颈、烂脚、体背疖疮等症状,病情严重的可表现体背穿孔、烂甲,有的颈部红肿,脚爪脱落。病鳖大多食欲不振,行动迟缓,严重的趴在饲料台上,不久后死亡。剖检可见肝脏肿大、质脆,呈大理石状,且大多伴有腹水症状。

（3）预防措施

一是苗种阶段的生产操作应避免损伤鳖的体表,引种运输时应单层平铺隔放,不可叠堆。

二是饲料中的钙、磷含量要达到要求,如含量不足应用添加剂或肉骨粉补足。

三是放养密度要合理,及时分养,调整密度,并在放养和分养时做好鳖的体表消毒。

四是搞好水生环境,保温棚养殖除要利用吸污器除污外,还应经常用生石灰进行全池泼洒。如是室外养殖,除泼洒生石灰外,有条件的应定期更换新水,特别是夏季高温时节,最好每2～5日换1次新水。

五是定期进行池水消毒,以减少养殖水体中病原微生物的数量。

六是要杀灭寄生虫。

（4）治疗措施　如是保温棚养殖,可先把池水放低至没过鳖体背为止,再按每立方米水体用利福平和庆大霉素各3克的用量,浸泡3小时后注新水至标准水位即可。也可按五倍子30%、三七10%、甘草20%、大黄20%、土槿皮10%、黄柏10%的比例,以每立方米水体首次用30克、第二次用25克,煎汁泼洒,每隔3日使用1次,如第一次用药后效果明显,即可不再用药。如是外塘养鳖,可用市售的水溶性氟苯尼考按产品说明书规定剂量给病鳖内服,同时用二氧化氯等消毒剂全池泼洒配合治疗,效果良好。

（二）赤、白板病

鳖赤、白板病俗称红底板病、白底板病，是我国近年来危害最大的鳖病，且到目前为止还没有较理想的治疗方法，但通过科研人员的努力，已基本找到了本病的主要病原体与发病原因，并在如何预防方面有了突破性的进展，特别是中草药和疫苗方面的研究进展，为今后控制赤、白板病的发生打下了坚实的基础。

1. 流行特点与发病原因　本病来势凶猛、病程长、死亡率高，一年四季均可发生。当气候环境恶劣或正常养殖环境被突然打破等均可诱发本病，特别是春季温室鳖种出池转为室外养殖时的发病率最高，可达 80% 左右。国内外有关赤、白板病病原体的研究较多，较有说服力的学说认为本病是细菌与病毒混合感染的结果。原发性赤、白板病（红底板病）为先感染细菌后感染病毒；继发性赤、白板病（白底板病）则是先感染病毒后感染细菌。其中，嗜水气单胞菌为主要细菌性病原体，中华鳖类呼肠弧病毒和腺病毒为主要病毒性病原体。研究还发现，在赤、白板病的发展过程中，两种类型的病症还会互相转化为外症白板型、内症赤板型的混合型病症。

2. 症　状

（1）行为变化　突然或长期停食是赤、白板病的典型症状，减食量通常在 50% 以上。发病后病鳖多在池边漂游或集群，头颈伸出水面后仰，并张口做喘气状，有的鼻孔出血或冒出气泡。严重者有明显的神经症状，对环境变化异常敏感，稍一惊动即迅速逃跑，不久后潜回池边死亡。

（2）外部症状　病鳖体表无任何感染性病灶，背部中间可见圆形、黑色斑块，俗称"黑盖"。病鳖死亡时头颈发软伸出体外，有的因吸水过多全身肿胀呈强直状。头部朝下提起刚死亡的病鳖时,其口鼻滴血或滴水,有的腹部呈深红色(红底板),有的则呈苍白色(白底板)。大多数雄性病鳖生殖器脱出体外,部分脖子肿大。

(3)**内部症状**　剖检可见病鳖头颈部呈鳃样组织糜烂,有淡黄色或灰白色的变性坏死,气管中有大量黏液或少量紫黑色血块。肺脓肿或气肿,丝状网络分离,有的有大量紫黑色血珠或淡黄色气泡。肝肿大,有的呈紫黑色血肿,有的出现淡黄色或灰白色"花肝"。胆囊肿大。肠管中有大量淤血块,有的肠壁充血,也有的肠管空虚,无任何食物。有些病例膀胱肿大、充水、稍触即破。心脏呈灰白色,心肌发软无力。雌性病鳖输卵管充血,雄性病鳖睾丸肿大充血,阴茎充血发硬,有的有大量腹水。

3. 预防措施

(1)**改进养殖模式**　根据几年来的调查表明,春季从封闭性温室移养至室外池塘的鳖种较易发生本病,而采光大棚培育的鳖种则发病较少,这是由于封闭性温室无自然光照且温度恒定,环境条件相对稳定,鳖移养至室外时难以适应室外多变的自然环境所致。故建议移养至室外的鳖种,最好是在塑料薄膜保温棚中培育的为好。

(2)**培育体质强壮的优质鳖种**　体质好的鳖种适应力强,抗病力也强,所以培育肥瘦适中、活力强、体质好的优质鳖种十分重要。因此,在培育期间应做到以下几点:一是整个培育期间要进行数次分养锻炼。二是饲料中应添加一定比例的鲜活饲料,以补充某些营养不足,增强鳖的体质。另外,还应每月定期投喂些促进消化、提高机体免疫力的中草药,如黄芪、甘草、败酱草、铁苋菜、马齿苋、金银花等。三是培育密度要合理,一般每平方米放养数量不应超过 25 只。此外,移养室外的鳖种一定要经过挑选,体质差、有病未愈的残次鳖种不应进行室外养殖。

(3)掌握好出池前后的天气变化　由于气候环境的变化与赤、白板病的发生密切相关,所以出池时间应选在连续晴好天气、水温达到25℃且有上升趋势时,以便使鳖能较快适应室外的环境,进行正常的摄食和活动。

(4)外运鳖种应做好隔离暂养和鳖体消毒工作　有时外地鳖种与本地鳖混养后也可诱发本病,所以除了要注意外运季节的天气状况和装运管理方法外,还应将购进的外地鳖种先隔离暂养一段时间,等其完全适应本地环境和正常摄食后再进行分养。同时,在隔离放养和分养时要做好鳖体的消毒工作,以免外地病原体传入本地。

(5)出池前调控好室内环境　为了使鳖能平稳过渡至室外环境,出温室前1个月应做好室内环境的调控工作,如逐步降温与饲料转换等。降温要逐步进行,不仅是单纯停止加温,应做到移出温室时室内环境温度与室外环境温度同步。而投喂也应逐步改为只在白天投喂,且将饲料逐步从幼鳖饲料转为成鳖饲料。

(6)加强出池后的投喂和药物防治　出池后要做好鳖的体表消毒,并应加强投喂。转到室外养殖的最初几天应同在温室内一样采用水下投喂法,以后逐步训练其到水上饲料台摄食。在加强投喂的同时,饲料中还应添加些果寡糖和维生素C,连喂6天,当摄食完全正常后应投喂些促进消化吸收和解毒杀菌的中草药,通常按干饲料量的1.5%,煎汁拌入饲料中,每月使用10天以防止疾病发生。

除上述预防措施外,各生产单位可根据技术力量,采用疫苗预防本病。

4. 发病后的处理与控制　由于赤、白板病的发病通常呈暴发性,发展很快,所以处理和控制的措施要根据当时的具体情况而定。如已发病数日,病鳖减食量已达 50% 以上,或根本不摄食,而天气条件又持续低温阴雨,应赶快清池将鳖捕出卖掉,以减少损失。二是天气忽晴忽雨无好转迹象,水温不稳定,但处于发病初期还未形成暴发,鳖的减食量未达到 50%,此时若有采光温室,应将鳖转至温室中强化饲养,并在饲料中添加病毒清,投喂 6 天,可控制病情的发展。如无采光温室,可在池上搭简易棚,达到增温催食的效果。三是若疾病发生在室外较难捕捞的大泥塘里,且病情严重呈暴发性,病鳖基本停食,而天气又无好转趋势时,则应采取以保为主的措施,具体做法是:每隔 6 日用二氧化氯等消毒剂对池水进行消毒;适当换水(如池水较浑,可每隔 3～4 日换出原池 1/5 的水),以保持水质良好,换水后应按 0.002 5% 浓度用生石灰水消毒,同时及时捞出死鳖进行远距离深埋或化学处理;当天气略有好转、水温上升至 26℃ 以上时就应投喂一些质好味鲜的鱼类或鲜猪肝用以诱食,直至病情完全好转时再投喂人工饲料。值得注意的是,有些地方当鳖发病严重后即投喂高剂量的抗生素和化学药品,但由于鳖发病后常不摄食,所以易造成浪费。另外,许多抗生素和化学药品对鳖的肝脏和肾脏有损害作用,在发生本病时投喂,也易产生副作用导致鳖的死亡。因此,建议发生本病时,要慎用抗生素和化学药品,投喂应以提高机体免疫力和增加营养为主的中草药或添加剂为主,如黄芪、甘草、板蓝根、金银花等中草药和维生素添加剂等,以增强鳖的抗病力。

(三)鳃状组织坏死症

鳖鳃状组织坏死症俗称鳖鳃腺炎,发病后死亡率多在

50％以上,严重的几乎全军覆没。近年来本病的流行呈上升趋势,是目前继鳖赤、白板病后的又一难治病症。许多养殖户因本病的流行而造成严重经济损失,故应引起高度重视。

1. 流行特点　本病的流行地区主要集中在我国的华东和华南地区,如从 2002 年开始,浙江省的杭州市、嘉兴市、湖州市,安徽省的滁州市、芜湖市,江苏省的吴江市、徐州市、苏州市,广东省的顺德市、佛山市,海南省的文昌市、万宁市、海口市、三亚市等都先后发生暴发流行,死亡率最高达 78％。本病的流行季节在华南地区为 3～6 月份与 11～12 月份,在华东地区为 4～6 月份与 10～11 月份。

2. 发病原因

(1)水环境恶化　如水质浑浊,透明度较差,水体表面出现深黄色的水华,产生恶臭气味,水体溶解氧极低,或底层水温与表层水温相差过大,使水体浑浊度加重,都是引发本病的主要原因。

(2)养殖密度过高　由于放养时气温较低,鳖的规格也较小,因而影响较小。但经过几个月的饲养后,有些鳖的规格已超过放养时的 1 倍,因此密度大大超过常规要求,尤其是随着气温的逐渐升高,鳖的活动能力增强,导致土底池塘水体恶化加剧而引发本病。

(3)病原体的传播　外来苗种不经过检疫和消毒而带入病原体也是发生本病的重要因素。此外,一些动物也能成为传播媒介,如犬在吃过发病鳖场抛弃的病死鳖后再到其他未发病的养鳖场活动就易将本病传入。

(4)池塘环境不良　池塘中无晒背和栖息场所也易导致本病发生,如在华南地区同一鳖场进行对比试验证明,在晒背和栖息条件较好,且在池中合理种养水草的鳖池发病率极低。

3. 症　状

(1)**行为变化**　病鳖表现不安,反应迟钝,头颈后仰,口鼻喷水,并在水上直立、拍水行走,俗称"跳芭蕾",严重的趴在饲料台或池堤边死亡。发病池中的鳖基本全部停食,投喂率降至 0.3% 以下。

(2)**外部症状**　病鳖体色无异常,有的口鼻流出血沫,死时大多头颈发软或略肿胀,四肢伸开。

(3)**内部症状**　肝胆大多无异常。肠管内无食物,内壁无明显坏死灶。有些病例小肠内有水样充血但无凝血,有的病例则无血。鳃状组织呈淡黄色或灰黄色细颗粒状变性坏死,肺略气肿。性器官正常,雌性卵细胞发育正常。

4. 预防措施

(1)**改善水环境**　由于导致本病发生的重要原因之一是池水环境恶化,所以预防本病应把搞好水环境放在首位,改善水环境的具体措施包括以下几项:一是降低水位,适当换水。只要池水不结冰,即使在冬季也不需要很高的水位,一般华南地区可保持在 30 厘米左右,华东地区保持在 40 厘米左右即可,这样上下层水体对流交换的速度会相对快些,也能使底层的有害气体逸出。有换水条件的地方应适当换水,使水质保持清爽。二是种好水草。在养鳖的室外池塘种好水草,可防止水质败坏,是预防本病的有效措施之一。种植种类一般以水葫芦、水浮莲和水花生为好,水草应种养在距池边 1 米处。三是控制投喂量。过量投喂是造成水体败坏的原因之一,一些养殖场将饲料台设在池底,既不仔细检查鳖每餐的摄食情况,又不及时清除残饵,造成大量饲料腐败变质,污染水体。因此,要控制饲料的投喂量,一般成鳖阶段投喂量应控制在其体重的 3% 左右,并根据前餐的摄食情况灵活调整。四是定期泼洒生石灰。养鳖水体大多呈酸性，一般 pH 值都会在 6 左右，这对喜欢在微碱性水体中生活的鳖来说是非常不合适的，所以要求每隔 15 日用生石灰按每立方米水体泼洒 50 克的用量，调节池水 pH 值，使 pH 值保持在 7～8。

（2）搭建晒背台　有些养殖场养殖池塘很大，却不在池中设晒背台，鳖只好在杂草丛生的池坡上晒背，爬上爬下时容易将泥土带入池塘，使池水变浑。有的池塘池坡很陡，鳖无晒背的地方，只好在池边爬行，也易把池水弄浑，所以要求养殖池塘应设置达到池水总面积 5％的晒背台。

5. 治疗措施

（1）泼洒消毒　发病池每隔 6 日用二氧化氯以治疗量的 2 倍连续泼洒 3 天，以控制病情。

（2）药物治疗　在投喂率不低于 0.5％的鳖池，可使用中西药相结合的治疗措施。可用头孢拉啶和庆大霉素按 1∶1 的比例，以日投喂干饲料量的 1％混饲投喂，连用 5 天。同时用甘草 10％、三七 10％、黄芩 20％、柴胡 20％、鱼腥草 25％、三叶青 15％，按每日投喂干饲料量的 2％混饲投喂，连用 15 天。

治疗期间应及时捞出死鳖，并进行深埋等无害化处理。

（四）绿毛病

绿毛病为鳖的原生动物性寄生虫病，病原体为累枝虫、聚缩虫、钟形虫、纤毛虫等原生动物。

1. 流行特点与发病原因　本病主要发生于放养后的整个养殖期。池中的病原体感染和晒背条件不良是发生本病的主要原因。

2. 症状　最初病鳖的甲、腹部和四肢表面可见灰黄色或黄绿色絮状簇生物，由于虫体颜色大多与养殖水体的水色相近,所以平时很难发现。当病情逐渐严重时,病鳖大多不安或停食,即使在阴雨天也不潜于水下。捞出病鳖后用手抹去体表虫体,寄生处可见出血现象,严重的发展至整个颈部、眼睑、四肢和泄殖孔,最后病鳖大多因食欲下降后并发其他疾病导致衰竭死亡。

3. 预防措施 养殖池塘在放养前最好放干池水,暴晒池底,几天后用生石灰彻底清塘。注水后再按每立方米水体用硫酸铜1克、硫酸亚铁4克化水泼洒,以杀灭寄生虫。养殖期间可用市售的水产杀虫药按说明书规定方法定期杀虫。

4. 治疗措施 发现本病后可用高锰酸钾按每立方米水体使用10~15克进行全池泼洒治疗。病情严重的鳖可捞出后用6%的盐水或pH值达到10的生石灰水浸泡3分钟后隔离饲养。同时,应改善鳖的晒背条件并加强投喂管理。发病初期每立方米水体也可用硫酸铜1克、硫酸亚铁4克化水泼洒或用市售的高铁酸锶按说明书规定方法治疗。

(五)水蛭病

水蛭病是鳖池中最常见的寄生虫病,也叫蚂蟥病,是由拟蝙蛭、鳖穆蛭等水蛭寄生而引起。

1. 流行特点与发病原因 本病在鳖的整个生长期均可发生流行,而数量众多的病原体是直接导致本病发生的主要因素。因此,利用江河湖库水作为水源的鳖鱼混养池、亲鳖池和高产精养池中,特别是投喂大量螺蛳的池中发病尤为严重。

2. 症状 病鳖体表与裙边内侧和腹甲连接处可见淡黄色或橘黄色的黏滑虫体,严重的可寄生至头部、眼和吻端。虫体一般手触微动,遇热蜷曲但并不脱落,当强行将虫体剥落时,可见寄生部位严重出血。病鳖常焦躁不安,有时爬到晒背台上不愿下水。当虫体寄生在眼和吻端时,则病鳖头向后仰,并四处游窜。病程长的食欲减退,身体消瘦,腹部苍白,呈严重的贫血状态,从而影响其生长。水蛭病直接导致死亡的较少,大多是由于寄生部位并发其他感染性疾病而死亡。

3. 预防措施 平时经常用生石灰调节水质,使水的 pH 值始终保持在 7~8 的微碱性状态,因为 pH 值略高的水体不适于水蛭生长。

4. 治疗措施 泼洒生石灰,使池水 pH 值上升至 9,刺激水蛭从鳖体上脱落,然后用漂白粉按 1.5 毫克/升浓度全池泼洒,6 天后再用高锰酸钾按 5 毫克/升浓度全池泼洒,即可除去大部分水蛭。也可用鲜猪血浸湿毛巾放在进水口处的水面上进行诱捕,一般 3~4 个晚上,即可捕到大部分水蛭,带虫体的毛巾可用生石灰掩埋以杀死虫体。

(六)肝 炎 病

鳖肝炎病也叫肿肝病、坏肝病,是一种综合性肝病。本病在我国所有的鳖类养殖场中均有不同程度的发生,特别是采用人工集约化养殖的企业,最严重时死亡率可达 20%左右,是目前严重影响养鳖经济效益的疾病之一。

1. 发病原因 引发本病的原因很多,主要包括以下几方面:一是长期投喂高脂肪、高胆固醇饲料或饲料蛋白质中缺乏蛋氨酸和胱氨酸。二是长期在饲料中添加化学药品进行防病或在治疗鳖病时大量应用了对肝脏有损害的药物,如西药中的四环素、苯唑青霉素、红霉素、氯霉素、磺胺类、呋喃类以及雌、雄激素等和中草药中的苍耳、草乌、五倍子等。三是感染某种疾病后,并发感染肝脏或影响肝脏正常功能而引发肝病,如鳖的穿孔病、鳃状组织坏死症、烂甲病、烂颈病和赤、白板病等都会直接或间接并发肝炎病。

2. 症状 本病主要发生于个体规格在 200 克以上的成鳖阶段,按发病原因的不同,所出现的症状也略有区别。

(1)脂肪性肝炎 大多数病鳖表现体厚、裙边窄薄,四肢肿胀,行动迟缓,摄食量减少或停食,有的漂游至水面后不久即死亡。成鳖发生本病时,前期生长快而后期减慢,并逐渐成为僵鳖。亲鳖发生本病时,产卵与受精率降低,有的甚至不产卵。剖检病鳖可见肝脏肿大并有数量较多的淡黄色脂肪小滴。

(2)药源性肝炎 病鳖大多突然停食,行动失常,有的呈严重的神经症状在池中水面转圈,不久后死亡。剖检可见肝、胆肿大,肝体指数多在 8% 以上,肝叶发脆并呈灰黄色或灰白色变性。有些病例还有严重腹水。

(3)感染性肝炎 除感染性疾病特有的症状外,大多数病鳖行动迟缓,摄食量减少或停食。剖检可见肝脏肿大,呈紫黑色,质脆,肝叶呈大理石状的"花肝",切面有大量出血点。

3. 预防措施

(1)脂肪性肝炎 平时应加强饲养管理和水环境的管理,决不投喂变质或脂肪、蛋白质超标的饲料。投喂商品饲料应坚持添加鲜活饵料,如新鲜的鱼、肉、蛋以及瓜果蔬菜等。

可用以下中草药投喂预防:茶叶 20%,蒲黄 20%,荷叶 25%,山楂 20%,红枣 15%,混合后粉碎为末(要求用 80 目筛过筛),按当日投喂干饲料量 1.5%~2% 的比例混饲投喂,每月使用 10 天。药粉添加前要求在温水中浸泡 2 小时后,再连药带水一起拌入饲料中。

(2)药源性肝炎 平时用药应符合有关标准规定的用药准则,决不使用已禁用的化学药品和抗生素,更不能在饲料中长期添加化学药物、抗生素和中草药用于防病;平时在商品饲料中应定期添加新鲜的瓜果蔬菜等鲜活饲料。

（3）感染性肝炎　搞好水环境,定期用低毒高效的消毒药泼洒消毒以减少病原微生物的数量。可用黄芩 20%,蒲公英 15%,甘草 15%,猪苓 20%,黄芪 15%,丹参 15%,混合后粉碎为末(要求用 80 目筛过筛),按当日投喂干饲料量 1.5%的比例混饲投喂,每月使用 10 天,药粉添加前要求在温水中浸泡 2 小时后,再连药带水一起拌入饲料中。

4. 治疗措施

（1）脂肪性肝炎　马上停喂变质或脂肪、蛋白质超标的饲料。用绞股蓝 15%,三七 15%,虎杖 20%,茵陈 20%,泽泻 15%,白术 15%,混合后粉碎为末(要求用 80 目筛过筛),按当日投喂干饲料量 1.5%~2%的比例混饲投喂,7 天为 1 个疗程,一个疗程结束之后隔 6 日再进行下一个疗程,一般需进行 3 个疗程的治疗。药粉添加前要求在温水中浸泡 2 小时后,再连药带水一起拌入饲料中。

（2）药源性肝炎　立即停喂添加了对肝脏或其他机体组织有损害药物的饲料。发现症状后先用葡萄糖粉(按当日投喂干饲料量 3%的比例)和维生素 C(按当日投喂干饲料量 0.1%的比例)混饲投喂 5 天,以尽快解毒。同时,用甘草 20%、五味子 15%、垂盆草 20%、生地黄 25%、金银花 20%,按当日投喂干饲料量 3%的比例煎汁拌入饲料中连喂 6 天。

（3）感染性肝炎　病鳖及时捞出治疗,并隔离至环境较好的池中单独饲养;投喂质量好的配合饲料,治疗期间在饲料中添加 0.4%的维生素 C、0.3%的复合维生素 B、0.2%的氯化胆碱和 0.1%的维生素 E-硒合剂;如是体表感染的疾病(如腐皮病等)应结合在池中泼洒中西药的治疗方法;也可内服中草药治疗,取黄芩 20%,垂盆草 10%,田基黄 20%,甘草 10%,柴胡 20%,猪苓 20%,按当日投喂干饲料量 2%的比例煎汁拌入饲料中投喂,6 天为 1 个疗程,一个疗程结束之后隔 7 日再进行下一个疗程,一般需进行 3 个疗程的治疗。

参考文献

1 赵春光等.中华鳖人工养殖及病害防治新技术.北京：农村读物出版社,1997

2 李玉化等.药物化学.北京：人民卫生出版社,1990

3 王光亚等.食物成分表.北京：人民卫生出版社,1992

4 徐国钧等.生药学.北京：人民卫生出版社,1987

5 季宇彬.中药有效成分药理与应用.哈尔滨：黑龙江科技出版社,1995

6 黄焕莉等.临床新药手册.广东：广东教育出版社,1997

7 何建国等.中华鳖病毒及组织病理简报.中山大学学报论丛,1996

8 翁少萍等.中华鳖红底板和白底板病病原及组织病理.中山大学学报论丛,1996

9 赵春光.最新生态养鳖技术.上海：上海科学普及出版社,2000

鳖鱼混养池

鳖鱼南美白
对虾混养池

蟹鳖混养池

责任编辑:孙　悦
封面设计:张　帆

节约型
养鳖新技术

JIEYUEXING YANGBIE XINJISHU

ISBN 978-7-5082-4445-7

ISBN 978-7-5082-4445-7
S · 1465　定价:6.50 元